"十四五"职业教育国家规划教材

中等职业教育教学改革创新规划教材

数控技术应用专业教学用书

数控机床维护常识

主　编　窦湘屏

参　编　刘建军　石宝传　刘世忠

　　　　姜见芳　盛建玲　李建祥

主　审　赵庆志

U0218023

机械工业出版社

本书是"十四五"职业教育国家规划教材，是依照"任务引领，工作过程导向"的职业教育教学理念，参考了有关国家职业标准和行业职业技能鉴定规范，结合山东省数控技术应用专业教学指导方案，总结多年教学经验编写而成的全新教材。

本书采用模块化的教学单元结构，按照数控专业学生的职业能力要求，以来源于职业岗位的典型工作任务为教学课题，以实践活动为主要学习方式，突出教、学、做合一的职业教育教学特色。全书共分为七个单元，内容包括数控机床维护基本知识、数控机床的认识、数控机床的安装调试、数控车床的维护保养、数控铣床和加工中心的维护保养、数控特种机床的维护和处理常见故障。

为便于教学，本书配有相关教学资源，选择本书作为教材的教师可登录 www.cmpedu.com 网站，注册，免费下载。

本书可作为中等职业学校数控技术应用专业及相关专业的教学用书，也可作为各种机械类短训班及相关人员岗位培训和自学用书。

图书在版编目（CIP）数据

数控机床维护常识/窦湘屏主编. —北京：机械工业出版社，
2015.6（2025.1重印）
中等职业教育教学改革创新规划教材　数控技术应用专业教学用书
ISBN 978-7-111-50716-1

Ⅰ.①数…　Ⅱ.①窦…　Ⅲ.①数控机床-维修-中等专业学校-教材　Ⅳ.①TG659

中国版本图书馆 CIP 数据核字（2015）第 145383 号

机械工业出版社（北京市百万庄大街22号　邮政编码100037）
策划编辑：汪光灿　责任编辑：王莉娜
版式设计：赵颖喆　责任校对：陈秀丽
封面设计：张　静　责任印制：常天培
北京中科印刷有限公司印刷
2025 年 1 月第 1 版·第 9 次印刷
184mm×260mm·9 印张·220 千字
标准书号：ISBN 978-7-111-50716-1
定价：28.00 元

电话服务　　　　　　　　　　网络服务
客服电话：010-88361066　　　机　工　官　网：www.cmpbook.com
　　　　　010-88379833　　　机　工　官　博：weibo.com/cmp1952
　　　　　010-68326294　　　金　书　网：www.golden-book.com
封底无防伪标均为盗版　　　　机工教育服务网：www.cmpedu.com

关于"十四五"职业教育
国家规划教材的出版说明

为贯彻落实《中共中央关于认真学习宣传贯彻党的二十大精神的决定》《习近平新时代中国特色社会主义思想进课程教材指南》《职业院校教材管理办法》等文件精神，机械工业出版社与教材编写团队一道，认真执行思政内容进教材、进课堂、进头脑要求，尊重教育规律，遵循学科特点，对教材内容进行了更新，着力落实以下要求：

1. 提升教材铸魂育人功能，培育、践行社会主义核心价值观，教育引导学生树立共产主义远大理想和中国特色社会主义共同理想，坚定"四个自信"，厚植爱国主义情怀，把爱国情、强国志、报国行自觉融入建设社会主义现代化强国、实现中华民族伟大复兴的奋斗之中。同时，弘扬中华优秀传统文化，深入开展宪法法治教育。

2. 注重科学思维方法训练和科学伦理教育，培养学生探索未知、追求真理、勇攀科学高峰的责任感和使命感；强化学生工程伦理教育，培养学生精益求精的大国工匠精神，激发学生科技报国的家国情怀和使命担当。加快构建中国特色哲学社会科学学科体系、学术体系、话语体系。帮助学生了解相关专业和行业领域的国家战略、法律法规和相关政策，引导学生深入社会实践、关注现实问题，培育学生经世济民、诚信服务、德法兼修的职业素养。

3. 教育引导学生深刻理解并自觉实践各行业的职业精神、职业规范，增强职业责任感，培养遵纪守法、爱岗敬业、无私奉献、诚实守信、公道办事、开拓创新的职业品格和行为习惯。

在此基础上，及时更新教材知识内容，体现产业发展的新技术、新工艺、新规范、新标准。加强教材数字化建设，丰富配套资源，形成可听、可视、可练、可互动的融媒体教材。

教材建设需要各方的共同努力，也欢迎相关教材使用院校的师生及时反馈意见和建议，我们将认真组织力量进行研究，在后续重印及再版时吸纳改进，不断推动高质量教材出版。

机械工业出版社

前 言

党的二十大报告中指出"实施科教兴国战略，强化现代化建设人才支撑"，将"大国工匠"和"高技能人才"纳入国家战略人才行列，本书以培养数控维护技能人才为主线来设计单元内容，基本满足了现代加工制造企业对数控机床操作、装调、维修等技能人才的需要。本书的主要特色如下：

1. 以职业教育理实一体化课程改革模式作为课程设置与内容选择的参照点。

2. 按职业能力要求，以典型工作任务为教学课题，以实践活动为主要学习方式。

3. 用实践计划表作为技能操作之前对知识学习的检测和实践准备情况的认定，强化知识内化的过程，符合思维认知习惯。

4. 以大量来源于生产现场的图片作为文字内容的补充，更能吸引和提高学生的学习兴趣。

5. 每个课题的实践活动完成后都配有学习任务评价表来帮助学生总结、巩固知识，检验学习效果。

全书以教学单元形式展现，单元下设课题，每一个课题就是实际的工作任务，学习以及实践的过程就是学生自主管理式的学习过程，做就是学、学就是做，通过学习者发现、探讨和解决出现的问题，体验并反思学习的过程，最终获得完成相关职业活动所需的知识和能力。

全书共分为七个单元，建议学时为 72 学时，学时分配与教学建议见下表。

序号	单元名称	建议学时	活动设计与场景建议
单元一	数控机床维护基本知识	6	1. 多媒体教室补充数控机床维护基本知识，"6S"现场管理知识 2. 去车间认识数控设备相关安全标志，进行安全开关机操作
单元二	数控机床的认识	10	1. 多媒体教室补充相关知识，学生利用仿真软件自主进行学习交流与讨论，制订相关任务实践方案 2. 去实习车间认识不同类型数控机床、机床结构布局、典型数控系统、数控机床电控系统，了解其作用
单元三	数控机床的安装调试	12	1. 多媒体教室补充相关知识，学生利用仿真软件自主进行学习交流与讨论，制订相关任务实践方案 2. 去实习车间模拟数控机床安装、调试、验收操作，生成技术文件
单元四	数控车床的维护保养	12	1. 多媒体教室补充相关知识，学生利用仿真软件自主进行学习交流与讨论，制订相关任务实践方案 2. 去实习车间进行数控车床主轴系统、导轨、刀架的保养维护

（续）

序号	单元名称	建议学时	活动设计与场景建议
单元五	数控铣床和加工中心的维护保养	12	1. 多媒体教室补充相关知识，学生利用仿真软件进行自主学习交流与讨论，制订相关任务实践方案 2. 去实习车间进行数控铣床和加工中心主轴系统、进给系统、刀库的保养维护
单元六	数控特种机床的维护	8	1. 多媒体教室补充特种数控机床的维护保养方法 2. 学生利用网络自主进行学习交流与讨论，制订简单机床保养手册
单元七	处理常见故障	12	1. 多媒体教室补充数控设备故障分类和常见故障的识别方法 2. 学生利用仿真软件或试验台自主进行学习交流与讨论，设置故障并进行故障排除操作

　　本书由日照市工业学校窦湘屏任主编。日照市工业学校石宝传编写单元二课题一、二，日照科技学校刘世忠编写单元二课题三，日照市工业学校姜见芳编写单元二课题四，日照市工业学校盛建玲编写单元四课题三，日照市工业学校李建祥编写单元三课题三，威海市工业学校刘建军编写单元三课题一、二和单元四课题一、二，窦湘屏完成其余部分的编写并负责全书的统稿。本书由山东理工大学赵庆志担任主审。山东五征集团雷发林、山东顺联重工机械有限公司李洪强为本书提供了大量素材，特此致谢。

　　由于编者水平有限，错误之处在所难免，敬请广大读者批评指正。

编　者

目 录

单元一
数控机床维护基本知识

通过本单元的学习，能基本认识对数控设备进行维护的必要性和重要性，掌握企业 6S 管理方法和数控机床安全开、关机的相关知识，能够正确开、关数控机床，建立初步的安全意识和良好的实习习惯。

课题一　数控机床的维护

课堂任务

1. 认识数控机床维护的重要性及维护的概念。
2. 了解数控机床维护的相关内容。

实践提示

1. 参观车间，了解数控机床维护保养的规范和操作方法。
2. 观察车间操作者进行生产点检——开机前检查、润滑、日常清洁、紧固等工作。

实践准备

　　什么是维护？为什么要对数控机床进行维护保养？数控机床的维护保养主要有哪些内容？在日常生活中还有什么需要经常维护保养的设备？维护机床需要哪些工具？请认真思考上述问题，查阅有关资料，完成本次实践计划表。

注：实践计划表详见附录，此表建议在进行每个课题实践前填写。

知识学习

　　在生活和工作中，会接触到很多的机械设备。这些机械设备经过一段时间的使用后，由于环境变化、操作不当、自然磨损等原因，性能会下降，影响正常使用，故需要对其进行维护。

　　如图 1-1 所示为技术人员对龙门数控机床主轴部分进行检修保养，图 1-2 所示为对机床导轨进行的修复保养。

图 1-1　数控机床主轴的检修

图 1-2　机床导轨的修复

一、机床维护的内容

对机床的日常维护保养是在机床具有一定精度、尚能使用的情况下，按照规定所进行的一种预防性措施。它包括机床的日常检查、维护、按规定进行润滑以及定期清洗等项内容。

通过日常维护使机床处于良好的工作状态，以尽可能减轻机床工作过程中的磨损，避免不应有的碰撞和腐蚀，就能减少修理工作量，以保持机床正常生产。如图 1-3 所示为对数控车床导轨进行润滑保养。

1. 机床日常检查

这项工作是由机床使用者随时对机床进行的检查，具体检查内容如下：

（1）打开机床前的检查　打开机床前要重点检查机床各操纵手柄的位置，并看其是否可靠、灵活，用手转动各机构，确信所有机构正常后，才允许打开机床。

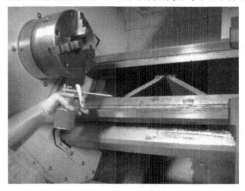

图 1-3　数控车床导轨的润滑保养

（2）工作过程中的检查　在工作过程中，应随时观察机床的润滑、冷却是否正常，注意安全装置的可靠程度，察看机床外露的导轨、立柱和工作台面等的磨损情况。如果听到机床传动声音异常，就要立即停机，并立刻协同机床维修工进行检查。

轴承部位的温度也要经常检查。滑动轴承温度不得超过 60°C，滚动轴承温度应低于75°C，一般用手摸就可判断其是否过热。

（3）经常性检查　经常性检查是指对下述各部位进行巡视检查。

主轴间隙、齿轮、蜗杆等啮合情况，丝杠、螺母间隙，光杠、丝杠的弯曲度，离合器摩擦片、斜铁和压板的磨损情况。在检查中，应做必要的记录，以供分析，发现问题及时解决，以保持机床正常运转。

2. 日常维护要点

（1）机床日常维护的关键在于润滑　应按规定对机床重点摩擦部位进行润滑，加足润滑油，使运动副之间形成油膜，即使固体摩擦变成液体摩擦，这样就可大大减少运动副磨损并降低功率消耗。

（2）机床日常维护的注意事项

1）在开动机床之前，应将机床上的灰尘和污物清除干净，并按照机床润滑图表进行加油润滑，同时检查润滑系统和冷却系统内的油液量是否足够，如油液不足，应补足。

2）导轨、溜板、丝杠以及垂直轴等处必须用机油加以润滑，并经常清除油污，保持清洁。

3）经常清洗吸油毡（如溜板两端的吸油毡）。清洗的方法是：先用洗油把油毡洗净，并把粘附在油毡上的金属粉末、切屑等除净，然后换用机油清洗。对于油线，也按同样的方法清洗，以恢复油线的毛细管作用。油线应深入油沟和油管的孔中，以保证润滑油流向润滑部位。

4）按规定时间并视油的污浊程度换油。

5）工作完毕下班之前，应进行较为细致的保养工作，清除机床上的切屑，并将导轨部位的油污擦干净，然后在导轨面上涂抹机油，同时将机床周围整理、打扫干净。

6）工作中还要注意保护导轨等滑动表面，不准在其上放置工具及零件等。

二、维护数控机床的必要性及注意事项

数控机床是一种精度高、效率高的先进设备，是企业的重点、关键设备，也是机械制造行业为其他行业制造更加精良工具的重要保障。

1. 维护数控机床的必要性

要发挥数控机床的高效益，就必须正确操作和精心维护数控机床，才能保证设备的利用率。正确的操作能够防止机床产生非正常磨损，避免突发故障；做好日常维护保养，可使设备保持良好的技术状态，延缓劣化进程，及时发现和排除故障隐患，从而保证安全运行，延长元器件的寿命和零部件的磨损周期，预防各种故障，提高数控机床的平均无故障工作时间和使用寿命。

2. 维护数控机床的注意事项

1）数控机床的使用环境。数控机床最好置于恒温的环境并远离振动较大的设备（如压力机）和有电磁干扰的设备。图1-4所示为准备安装数控机床的场地，其周围无大型设备，且室内温度恒定。

图1-4　数控机床安装场地

2）电源要求。数控机床使用的电网电压要稳定。

3）数控机床应有操作规程。进行定期的维护、保养，出现故障注意记录，保护现场等，并在设备上贴上维护责任书。

4）数控机床不宜长期封存。

5）注意培训和配备操作人员、维修人员及编程人员。

三、数控机床维护的内容

1. 数控系统的维护

数控系统是数控机床的控制核心，一定要重点维护，在使用中要注意以下事项。

1）严格遵守操作规程和日常维护制度。

2）防止灰尘进入数控装置内。漂浮的灰尘和金属粉末容易引起元器件间绝缘电阻下降，从而出现故障甚至损坏元器件。

3）定时清洁数控柜的散热通风系统。

4）经常监视数控系统的电网电压。电网电压范围为额定值的 $85\% \sim 110\%$。

5）定期更换存储器用电池。

6）数控系统长期不用时的维护。经常给数控系统通电或使数控机床运行温机程序。

7）备用电路板的维护和机械部件的维护。

2. 复杂机械部件的维护

（1）刀库及换刀机械手的维护

1）用手动方式往刀库上装刀时，要保证装到位，检查刀座上的锁紧装置是否可靠。

2）严禁把超重、超长的刀具装入刀库，防止机械手换刀时掉刀或刀具与工件、夹具等发生碰撞。

3）采用顺序选刀方式时须注意刀具放置在刀库上的顺序是否正确。采用其他选刀方式时也要注意所换刀具号是否与所需刀具一致，防止换错刀具导致事故的发生。

4）注意保持刀具、刀柄和刀套的清洁。

5）经常检查刀库的回零位置是否正确，检查机床主轴回换刀点位置是否到位，并及时进行调整，保证完成换刀动作。

6）开机时，应先使刀库和机械手空运行，检查各部分工作是否正常，特别是各行程开关和电磁阀能否正常动作。

（2）滚珠丝杠副的维护

1）定期检查、调整丝杠螺母副的轴向间隙，保证反向传动精度和轴向刚度。

2）定期检查丝杠支撑与床身的连接是否松动以及支撑轴承是否损坏，如有问题要及时紧固松动部位，更换支撑轴承。

3）采用润滑脂的滚珠丝杠，每半年清洗一次丝杠上的旧油脂，更换新油脂；用润滑油润滑的滚珠丝杠，每天在机床工作前加油一次。

4）注意避免硬质脏物或切屑进入丝杠防护罩和工作过程中碰击防护罩，防护装置一有损坏要及时更换。

（3）主传动链的维护

1）定期调整主轴驱动带的松紧度。

2）防止各种杂质进入油箱，每年更换一次润滑油。图 1-5 所示为传动链轮脏污及缺少润滑油。

3）保持主轴与刀柄连接部位的清洁，及时调整液压缸和活塞的位移量。

4）及时调整配重。

（4）液压系统的维护

1）定期过滤或更换油液。

2）控制液压系统中油液的温度。

图 1-5　传动链轮脏污及缺少润滑油

3）防止液压系统泄漏。

4）定期检查、清洗油箱和管路。

5）执行日常点检制度。

（5）气动系统的维护

1）清除压缩空气中的杂质和水分。

2）检查系统中油雾器的供油量。

3）保持系统的密封性。

4）注意调节工作压力。

5）清洗或更换气动元件、滤芯。

 **检查与评价**

课堂学习完成后，根据实践计划到实习场所完成教学实践，填写本次学习任务评价表，见表1-1。

表1-1　学习任务评价表

机床名称	日常清洁内容	开机前检查内容	润滑内容	紧固内容

学习过程中遇到什么问题，如何解决的

个人自评

小组互评

教师点评

相关知识

数控机床的日常点检

点检是按有关维护文件的规定，对数控机床进行定点、定时的检查和维护。点检可分为以下几类。

1）专职点检：主要保养重点设备、部位，由企业设备部门负责。

2）日常点检：主要负责一般设备的检查及维护，由生产车间负责。

3）生产点检：主要负责开机前检查、润滑、日常清洁、紧固等工作，由机床操作者负责。

点检工作可分为日保养、周保养、月保养、半年保养和年保养，表1-2为某卧式加工中心的部分定期保养工作。

表1-2　定期保养工作一览

保养工作	日保养	周保养	月保养	半年保养	年保养
主轴头内油量如有不足要补充	○	○	○	○	○
主轴锥孔内清洁、上油、防锈	○	○	○	○	○
清除机台切屑	○	○	○	○	○
清除工作台切屑	○	○	○	○	○
清除X轴护盖切屑	○	○	○	○	○
清除Y轴护罩切屑	○	○	○	○	○
工作台上油、防锈	—	○	○	○	○
X轴护盖上油、防锈、润滑	—	○	○	○	○
清除刀库内切屑	—	○	○	○	○
清除附着在刀炼上的切屑	—	—	○	○	○
刀炼上油、润滑	—	—	○	○	○
检查刀炼有无异常	—	—	—	○	○
清除刀套切屑	—	○	○	○	○
刀套上油、防锈	—	—	○	○	○
检查刀套有无异常	—	—	—	○	○
清除附着在刀臂上的切屑	—	○	○	○	○
刀臂上油、防锈、润滑	—	—	○	○	○
检查刀臂有无异常	—	—	○	○	○
锁紧刀具刀把与拉柄	○	○	○	○	○
清除附着在刀具刀把上的切屑	○	○	○	○	○
刀具刀把上油、防锈	—	○	○	○	○
清除Z轴轨道切屑	○	○	○	○	○
Z轴轨道上油、防锈、润滑	—	○	○	○	○
清除X、Y轴轨道切屑	—	—	○	○	○
X、Y轴轨道上油、防锈、润滑	—	—	○	○	○
调整Z轴轨道坎条	—	—	—	○	○
检查三轴轨道有无异常	—	—	—	○	○
清除三轴螺杆切屑	—	—	○	○	○
三轴螺杆上油、防锈、润滑	—	—	○	○	○
检查三轴螺杆有无异常	—	—	—	—	○
清除地脚螺栓切屑	—	—	○	○	○
地脚螺栓上油、防锈	—	—	○	○	○
检查地脚螺栓有无异常	—	—	—	○	○
清除绕性护管内的切屑	—	—	○	○	○
检查护管内管线布置有无异常	—	—	○	○	○

（续）

保养工作	日保养	周保养	月保养	半年保养	年保养
检查绕性护管有无异常	—	—	—	○	○
清除门桥上面的切屑	—	—	○	○	○
排放 X、Y 轴回收润滑油	—	○	○	○	○

注："—"表示该项不执行，"○"表示该项执行。

◆ 总结提高

1）对于不同的设备，由于其结构、作用不同，保养方法也不相同，要掌握各种数控机床的维护方法。

2）做好日常维护保养，可使数控机床保持良好的技术状态，延缓劣化进程，及时发现和排除故障隐患，从而保证设备安全运行。

课题二　"6S"现场管理

◆ 课堂任务

1. 认识现代企业"6S"现场管理的重要性和必要性。
2. 了解什么是现代企业"6S"现场管理。

◆ 实践提示

1. 参观车间，了解"6S"现场管理的实施状况。
2. 观察操作者对"6S"的执行状况，思考"6S"的最终目的。

◆ 实践准备

什么是"6S"？为什么要进行"6S"管理？为什么要在生产车间进行"6S"管理？你认为在生产车间进行"6S"管理最重要的是什么？为什么它最重要？在日常生活、学习中，还有哪些方面也可以参照"6S"管理？请认真思考上述问题，查阅有关资料，完成本次实践计划表。

◆ 知识学习

一、"6S"管理

"6S"就是整理（SEIRI）、整顿（SEITON）、清扫（SEISO）、清洁（SETKETSU）、素养（SHTSUKE）和安全（SAFETY）六个项目，因其古罗马发音均以"S"开头，简称"6S"。"6S"起源于日本，是指在生产现场中对人员、机器、材料、方法等生产要素进行有效管理的一种管理活动。

1955 年，日本企业对工作现场提出了整理、整顿的 2S 管理，后来因管理水平的提高陆续增加了后 4 个 S，从而形成了目前广泛推动的"6S"架构。它提出的目标简单、明确，就是要为员工创造一个干净、整洁、舒适、科学、合理的工作场所和空间环境，并通过"6S"活动有效实施，最终提升员工的品质，为企业造就一个高素质的优秀群体。6S 主要让员工具有以下的品质。

1）工作中无马虎之心，养成凡事认真的习惯（认认真真地对待工作中的每一件事）。

2）遵守规定的习惯。

3）自觉维护工作环境整洁、明了的良好习惯。

4）文明礼貌的习惯。

以下是日本几家企业的"6S"活动管理场景，其中，图 1-6 所示为生产线旁边配件分类放置，图 1-7 所示为不同生产区域用标识线明确划分，图 1-8 所示为运输车辆及等待运送物品的定位管理，图 1-9 所示为准备换位置加工的半成品用不同颜色的容器盛放。

图 1-6　配件分类放置

图 1-7　生产区域标识明确

图 1-8　车辆、物品的定位管理

图 1-9　半成品定置管理

现在企业中不断推出新的 S，如 7S 指 6S + 节约（SAVE），8S 指 6S + 节约 + 学习（STUDY）等，也将 6S 活动从原来的品质环境扩展到安全、行动、卫生、效率、品质及成本管理等诸多方面，使 6S 的应用得到了大幅度的完善。

二、"6S"的定义与目的

1. SEIRI——整理

（1）定义　区分要用和不要用的，不要用的清除。

（2）目的　把"空间"腾出来活用。

1）改善和增加作业面积。

2）现场无杂物，通道畅通，提高工作效率。

3）减少磕碰的机会，保障安全，提高质量。

4）消除管理上的混放、混料等差错事故。

5）有利于减少库存量，节约资金。

6）改变作风，改善工作情绪。

2. SEITON——整顿

（1）定义　要用的东西依照规定定位、定量摆放整齐，如图 1-10 所示，明确标示。

（2）目的　不用浪费时间找东西。

1）工作场所一目了然。

2）整整齐齐的工作环境。

3）消除过多的积压物品。

4）用最快的速度取得所需物，在最有效的规章、制度和最简捷的流程下完成作业。

5）提高工作效率和产品质量，保障生产安全。

图 1-10　定位、定量

3. SEISO—清扫

（1）定义　清除工作场所内的脏污，并防止污染的发生。

（2）目的　消除脏污，保持工作场所干干净净、明明亮亮。

1）稳定品质。

2）减少工业伤害。

4. SETKETSU——清洁

（1）定义　将上面 3S 实施的做法制度化、规范化，并维持成果。

（2）目的　通过制度化来维持成果，并显现"异常"之所在。

5. SHTSUKE——素养

（1）定义　人人依规定行事，从心态上养成好习惯。

（2）目的　改变"人的质量"，养成工作讲究认真的习惯。

1）培养具有好习惯、遵守规则的员工。

2）提高员工的文明礼貌水平。

3）营造团体精神。

6. SAFETY——安全

6S 活动中的要求如下：

1）管理上制定正确的作业流程，配置适当的工作人员执行监督指示功能。

2）及时举报消除不符合安全规定的因素。

3）加强作业人员的安全意识教育。

4）签订安全责任书。

目的：预知危险，防患未然。

1）保障工人安全，改善工作环境。

2）减少工伤事故，确保安全生产。

三、"6S"的实施和要领

生产过程中经常有一些残余物料、待修品、待返品、报废品（包括一些已无法使用的工夹具、量具、机器设备）等滞留在现场，既占据地方又阻碍生产。如果不及时清除，再宽敞的工作场所，也会变窄小；棚架、橱柜等也会因被杂物占据而减少使用价值；增加了寻找工具、零件等物品的困难，浪费时间；物品杂乱无章地摆放，增加盘点的困难，使成本核算失准。

不要的物品放在生产现场是一种浪费，因此必须进行整理。整理要点：要有决心，不必要的物品应断然地加以处置。图 1-11 所示为采用 6S 管理后的现场。

1. 整理实施要领

1）自己的工作范围全面检查，包括看得到和看不到的。

2）制订物品要不要的判别基准。

3）将不要的物品清除出工作场所。

4）对需要的物品调查使用频率，决定日常用量及放置位置。

5）制订废弃物的处理方法。

6）每日进行自我检查。

工作场所经过整理后要进行整顿（图 1-12）：物品摆放要有固定的地点和区域，以便寻找，消除因混放而造成的差错；物品摆放地点要科学合理；物品摆放要目视化，将摆放的区域加以标示区别，这是提高生产率的基础。

图 1-11 采用 6S 管理后的现场

图 1-12 工作现场

2. 整顿实施要领（图 1-13）

1）落实整理的工作。

2）布置流程，确定放置场所，划线定位。

物品的放置场所原则上要 100% 设定，设定时要注意方便取用，不超出所规定的范围，生产线附近只能放真正需要的物品。

3）规定放置方法、明确数量。整顿时注意"3 定"原则：定点、定容、定量。定点即放在哪里合适；定容即用什么容器、何种颜色；定量即规定合适的数量。

4）场所、物品标识。物品和放置场所的标识在表示方法上整个工作单位要统一，原则上要求放置场所和物品要一对一表示，如图 1-14 所示为一种形迹管理方法。

图 1-13 整顿实施现场

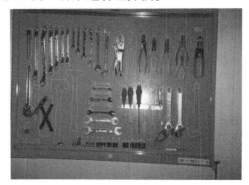

图 1-14 形迹管理

3. 清扫实施要领

虽然现场已经整理、整顿过，要的东西马上就能取到，但是被取出的东西要具备能被正常使用的状态才行。达成这样的状态就是清扫的第一目的，尤其是现在强调高品质、高附加价值产品的制造，更不容许因为垃圾或灰尘的污染而造成产品不良。

1）建立清扫责任区（室内、室外）。

2）实施一次全公司的大清扫。

3）将每个地方都清洗干净。

4）杜绝或隔离污染。

5）建立清扫基准作为规范。

4. 清洁实施要领

1）落实前面的 3S 工作。

2）制订考评方法。

3）制订奖惩制度并加强执行。

4）高层主管经常带头，带动全员重视这项活动。

素养就是教大家养成遵守规定的习惯。6S 本意是以 4S（整理、整顿、清扫、清洁）为手段完成基本工作，并藉此养成良好习惯，最终达成全员品质的提升。

5. 素养实施要领

1）制订服装、仪容、身份识别证标准。

2）制订共同遵守的有关规则、规定。

3）制订礼仪守则。

4）教育训练（新进人员强化 5S 教育、实践）。

5）推动各种精神提升活动（晨会、礼貌运动等）。

为了保障企业财产安全，保证员工在生产过程中的健康与安全，避免事故的发生，应制订机器设备的标准操作规程以及实施设备日常点检维护制度。

6. 安全实施要领

1）电源开关、风扇、灯管损坏及时报修。

2）物品堆放、悬挂、安装、设置不存在危险状况。

3）特殊工位无上岗证严禁上岗。

4）正在维修或修理的设备贴上标识。

5）危险物品、区域、设备、仪器、仪表应特别提示。

推进安全的步骤。

第一步：操作设备时按标准要求作业。

第二步：设备维护保养落实责任人并进行每日点检及记录。

检查与评价

课堂学习完成后，根据实践计划到实习场所完成教学实践，填写本次学习任务评价表，见表1-3。

表1-3   学习任务评价表

6S 实施状况	工作现场发现	工作现场需补充	学习环境类比	生活中使用实例
整理				
整顿				
清扫				
清洁				
素养				
安全				

可以补充的 S 项目

学习过程中遇到什么问题,如何解决的

个人自评

小组互评

教师点评

相关知识

6S 管理中各种颜色的使用含义

（1）红色　表示禁止、停止、消防和危险。

红色使用区域（图1-15）及注意事项如下：

1）灭火器箱刷成红色。

2）放置位置用红色实线标识，标识线可使用50mm红色胶带代替。

（2）黄色　表示注意和警告。

黄色使用区域（图1-16）及注意事项如下：

1）开门处的活动范围用黄色线标识。

2）黄色标识线为宽25mm、长10cm、间隔5cm的虚线，可使用黄色胶带代替。

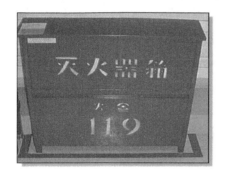

图1-15　红色使用区域

图1-16　黄色实用区域

（3）蓝色　表示指令和必须遵守的规定。

蓝色使用区域（图1-17）及注意事项如下：

1）为了方便管理，休息桌上的茶杯等物品可统一定位置摆放在休息桌的蓝线上。就餐区单独划分。

2）蓝色标识线为宽50mm的实线，可使用蓝色胶带代替。

（4）绿色：表示通行、安全。

绿色使用区域（图1-18）：人行道上的人行指示标识。

图1-17　蓝色使用区域

图1-18　绿色使用区域

（5）黄黑条纹：表示需特别注意。

黄黑条纹使用区域（图1-19）及注意事项如下：

1）用标识线圈起需特别注意的区域（设备、机器等）。

2）标识线为宽50mm的实线，可使用黄黑条纹胶带代替。

注意：以上为通用的颜色使用要求，不同的制造厂可以有其自身的规范，但就一个制造厂而言，必须注意统一使用颜色标识。

总结提高

1）6S 现场管理包括整理、整顿、清扫、清洁、素养、安全，6S 的最终目的是培养员工的高素质，打造一个优质高效的企业。对照数控专业实训要求，思考我们需要养成哪些实训习惯。

2）看看我们周围是否有能用 6S 方法管理的地方，请用你学到的知识进行改变。

图 1-19　黄黑条纹使用区域

课题三　安全开关机

课堂任务

1. 看懂机床上的安全标识并能遵守车间各项规章制度。

2. 能够正确地进行开关机操作。

实践提示

1. 识读数控机床上的安全标识。

2. 数控机床开机及关机前后的检查。

3. 正确的数控机床开机和关机操作。

实践准备

数控机床实习车间应该有哪些注意事项和安全标识？为什么数控机床开机前要进行检查？正确的开、关机顺序是什么？关机前还要注意什么？在日常生活中还有什么常见的安全标识？请认真思考上述问题，查阅有关资料，完成本次实践计划表。

知识学习

明确统一的标识是保证安全的一项重要措施。从各种事故的统计中可以看出，不少事故是由于标识不统一而造成的，如由于导线的颜色不统一，误将相线接到设备的机壳而导致机壳带电，甚至使操作者触电死亡。使用安全标识的目的是使人们能够迅速发现或分辨出安全标识并提醒人们注意，以防发生事故。如图 1-20 和图 1-21 所示为生产现场见到的警告标识。

图1-20　酸洗磷化生产线警告标识

图1-21　车间职业危害告知卡

一、识读安全标识

在日常生活中以及机械生产车间，经常会看到各种安全标识。安全标识表达禁止、警告、指令、指示等安全信息。

禁止标识：禁止人的不安全行为的图形标识，如图1-22所示为非工作人员不得入内标识。

警告标识：提醒人们对周围环境引起注意的图形标识，图1-23所示为当心腐蚀标识。

指令标识：强制人们必须做出某种动作或采用防范措施的图形标识，图1-24所示为必须戴防护眼镜标识。

图1-22　禁止标识

图1-23　警告标识

图1-24　指令标识

提示标识：向人们提供某种信息的图形标识，图1-25所示为洗眼器标识

所有机械设备的旋转件、传动带、滑轮，高压电、噪声、压缩空气等都有可能造成人身伤害以及机械损坏，所以在使用数控机床时必须遵守相应的安全守则。为确保操作人员知道数控装置的危险性，应将危险警示标识粘贴在存在危险隐患的机床组件上。如果标识破旧损坏，可以根据需要增加个别标识，严禁私自更改或撕掉任何安全标识。图1-26中箭头所指为自动升降

图1-25　指示标识

梯危险警示标识。

二、数控机床安全操作规程

数控机床是一种自动化程度较高，结构较复杂的先进加工设备。为了充分发挥数控机床的优越性，提高生产率，管好、用好、修好数控机床，技术人员的素质及文明生产显得尤为重要。操作人员除了要掌握数控机床的性能，做到熟练操作以外，还必须养成文明生产的良好工作习惯和严谨的工作作风，具有良好的职业素质、责任心和合作精神。

警示标识

图1-26　自动升降梯危险警示标识

操作数控机床时应做到以下几点。

1）严格遵守数控机床的安全操作规程，未经专业培训不得擅自操作机床。

2）严格遵守上下班、交接班制度。

3）做到用好、管好机床，具有较强的工作责任心。

4）保持数控机床周围的环境整洁。

5）操作人员应穿戴好工作服、工作鞋，不得穿、戴有危险性的服饰品。

6）一般不允许两人同时操作机床。但某项工作如需要两个人或多人共同完成时，应注意相互将动作协调一致。

三、数控机床安全开关机

1. 开机前的注意事项

1）操作人员必须熟悉该数控机床的性能和操作方法，经机床管理人员同意方可操作机床。

2）机床通电前，先检查电压、气压和液压是否符合工作要求。图1-27所示为检查润滑站油压。

3）检查机床可动部分是否处于正常状态。

4）检查工作台是否出现越位和超极限状态。

5）检查电器元件外观是否完好，是否有接线脱落现象。

6）检查机床接地线是否和车间地线可靠连接。

7）已完成开机前的准备工作后方可合上机床电源总开关（图1-28）。

图1-27　检查润滑站油压

图1-28　机床电源总开关

2. 开机过程中的注意事项

1）严格按照机床说明书中的开机顺序进行操作。正确开机的顺序：打开机床电源总开关——→打开操作面板起动按钮——→松开急停按钮。

2）一般情况下，开机后必须先执行返回机床参考点操作，建立机床坐标系。

3）开机后让机床空运行15min左右，使机床达到平衡状态。

4）关机后必须等待5min以上才可以再次开机，没有特殊情况不得随意进行开关机操作。

3. 调试机床过程中的注意事项

1）调试程序时若是首件试切，机床必须进行空运行。

2）按工艺要求安装、调试好夹具，并清除各定位面上的铁屑和杂物。

3）按定位要求安装好工件，确保定位正确可靠，避免在加工过程中出现工件松动现象。

4）安装好要用的刀具，若是加工中心，则必须使刀具在刀库上的刀位号与程序中的刀号严格一致。

5）按工件上的编程原点进行对刀，建立工件坐标系。若用多把刀具，则其余各把刀具分别进行长度补偿和刀尖位置补偿。

6）设置好刀具半径补偿。

7）确认切削液输出通畅，流量充足。

8）再次检查所建立的工件坐标系是否正确。

9）以上各点准备好后方可加工工件。

4. 关机前的注意事项

1）操作人员必须熟悉该数控机床的性能和操作方法，经机床管理人员同意后方可操作机床。

2）检查工作台是否出现越位和超极限状态。

3）在完成关机前的准备工作后方可切断电源总开关。

5. 关机过程中的注意事项

1）严格按照机床说明书中的关机顺序进行操作。正确的关机顺序：按下急停按钮——→按下操作面板上的停止按钮——→关闭机床电源总开关（图1-29）。

2）一般情况下，关机前必须先把铣床工作台移到导轨中间，把车床的拖板移到靠尾座这一边，以防止导轨变形。

3）关机后必须等待5min以上才可以再次开机，没有特殊情况，不得随意进行开机或关机操作。

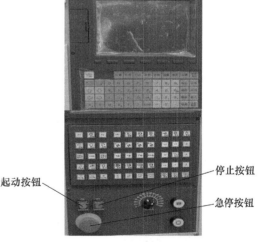

起动按钮　停止按钮　急停按钮

图1-29　机床操作面板开关示意图

6. 关机后的注意事项

1）切断总电源。

2）整理工作现场并打扫卫生。

四、数控机床的暂停和急停

1. 急停

1）按下急停按钮后一般要重新进行回零操作。

2）按了急停铵钮后，机床主轴和进给都是紧急停止，这样会对机床的机械及电器元件造成很大的冲击，因此只有在紧急情况下为防止撞刀才使用急停功能。

3）紧急停止后执行的程序段中断，所以需要从程序头开始重新进行加工。

2. 暂停

1）按下暂停按钮后，执行进给保持或程序暂停。

2）按下暂停按钮使运行中的刀具暂停，与程序指令中 M00 的作用相似。

检查与评价

课堂学习完成后，根据实践计划到实习场所完成教学实践，填写本次学习任务评价表，见表1-4。

表1-4　学习任务评价表

安 全 标 识			
	标识	作用	位置
车间已有			
需补充			

开机前的操作		
要求	内容	观察结果
部件检查	电压、气压、液压	
	机床可动部分	
	工作台	
	电器元件	
	机床接地线	
机床电源开启顺序		
开机过程		
调试过程		
本次开机操作评价		

（续）

关机前的操作	
工作台位置	
机床电源关闭顺序	
关机后整理工作	
本次关机过程评价	

在学习中遇到什么问题，如何解决的

个人自评

小组互评

教师点评

相关知识

如图 1-30 所示，识读生产车间部分常见安全标识。

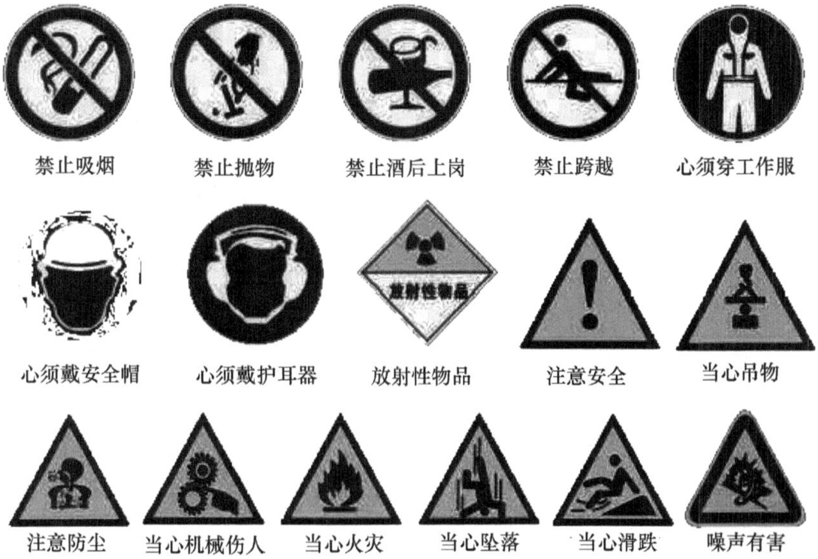

禁止吸烟　　　禁止抛物　　　禁止酒后上岗　　　禁止跨越　　　心须穿工作服

心须戴安全帽　　心须戴护耳器　　放射性物品　　注意安全　　当心吊物

注意防尘　　当心机械伤人　　当心火灾　　当心坠落　　当心滑跌　　噪声有害

图 1-30　生产车间部分安全标识

总结提高

1）安全上岗是各行业从业人员的第一要律，因此一定要树立安全意识，正确识读常见的标识，在每一次操作之前都了解相关的注意事项，严格遵守车间规章制度。

2）正常开关机是维护数控机床的第一步，因此在平日的开关机过程中要严格按照正确的开关机流程操作，养成良好的设备使用习惯。

创新实践

请同学们到达实践地点，扫码进入，按照要求完成通用设备巡检。

设备巡检标签

XXX新能源有限公司

设备名称：消防栓
设备编号：XXX
所在位置：XXX
责任人：XXX

单元二
数控机床的认识

机床是指对金属或其他材料的坯料或工件进行加工，使之获得所要求的几何形状、尺寸精度和表面质量的机器，是一切机械的母机。机械产品的零件通常都是用机床加工出来的。机床数控化是指用数字化信息技术手段对机床进行控制，从而完成事先设置好的加工任务。随着数控技术的发展，数控机床的种类越来越多，应用也越来越广泛。

通过本单元的学习，能够认识和区分不同类型的数控机床，了解不同类型数控机床的功能，为学习数控机床的维护知识奠定基础。

课题一 数控机床的分类

课堂任务

1. 认识各种类型的数控机床。
2. 了解各种数控机床的作用。

实践提示

1. 参观车间内不同类型的数控机床，了解其工艺范围。
2. 根据数控车床的工艺范围，近距离观察不同类型数控机床的外观及结构区别。

实践准备

如何区分普通机床和数控机床？数控机床可以怎样分类？如何辨认不同类型的机床？不同类型的数控机床都有哪些功用？请认真思考上述问题，查阅有关资料，完成本次实践计划表。

知识学习

数控机床的种类繁多，根据其功能和组成的不同，可以从多种角度对其进行分类。

一、按照工艺用途分类

1. 普通数控机床

普通数控机床按不同的工艺用途分类有数控车床、数控铣床、数控钻床（图2-1）、数控磨床（图2-2）和数控齿轮加工机床（图2-3）等。在数控金属成形机床中，有数控冲压机、数控弯管机和数控裁剪机等。

图2-1　数控钻床

图2-2　数控磨床

2. 特种加工机床

在特种加工机床中有数控电火花线切割机、数控火焰切割机、数控点焊机和数控激光加工机等。近年来在非加工设备中也大量采用数控技术，如数控测量机、自动绘图机、数控装配机和工业机器人等。

3. 加工中心

加工中心是一种带有自动换刀装置的数控机床，能自动进行换刀和转位，完成零件多个表面的精确加工。常见的加工中心有以加工箱体类零件为主的镗铣类卧式加工中心和加工板盖类零件的立式加工中心。

图2-3　数控齿轮加工机床

近年来，一些复合式加工中心也开始出现，其基本特点是集中多工序、多刀具、复合工艺加工在一台设备中。由多台CNC加工中心组成的制造单元，即柔性加工中心（FMC）也开始大量应用，它能够根据工艺及产能随时更换产品和工艺，增强了机床设备适应变化的能力。

表2-1所列为几种常见的数控机床外观及加工零件图文比较，对照学习后加上其他设备进行总结。

表2-1　常见数控设备比较

机床名称	机床图例	坐标轴联动情况	加工零件	加工零件图例
数控车床		两轴联动机床	回转体类零件	

（续）

机床名称	机 床 图 例	坐标轴联动情况	加工零件	加工零件图例
数控铣床		两轴半或三轴联动机床	箱体或型腔类零件	
加工中心		多坐标联动机床	多工序集中加工	
数控电火花线切割机床		两轴联动机床	高精度、高精密复杂零件	

二、按运动轨迹分类

1. 点位控制数控机床

它的特点是在刀具相对于工件移动的过程中，不进行切削加工，对定位过程中的运动轨迹没有严格要求，只要求从一坐标点到另一坐标点的精确定位。例如，数控坐标镗床、数控钻床、数控冲床、数控点焊机和数控测量机等都采用此类系统。图 2-4a 所示即为点位控制方式。

2. 直线控制数控机床

这类控制系统的特点是除了控制起点与终点之间的准确位置外，还要求刀具由一点到另一点之间的运动轨迹为一条直线，并能控制位移的速度，因为这类数控机床的刀具在移动过程中要进行切削加工。直线控制系统的刀具只沿着平行于某一坐标轴的方向运动，或者沿着与坐标轴成一定角度的斜线方向进行直线切削加工，如图 2-4b 所示。采用这类控制系统的机床有数控车床和数控铣床等。

同时具有点位控制功能和直线控制功能的点位直线控制系统，主要应用在数控镗铣床和加工中心上。

3. 轮廓控制数控机床

这类系统也称连续控制系统，其特点是能够同时对两个或两个以上的坐标轴进行连续控制。加工时不仅要控制起点和终点位置，而且要控制两点之间每一点的位置和速度，使机床加工出符合图样要求的复杂形状（任意形状的曲线或曲面）的零件，如图 2-4c 所示。它要求数控机床的辅助功能比较齐全。CNC 装置一般都具有直线插补和圆弧插补功能。数控车床、数控铣床、数控磨床、数控加工中心、数控电加工机床、数控绘图机等都采用此类控制系统。

这类数控机床绝大多数具有两坐标或两坐标以上的联动功能，不仅有刀具半径补偿和刀具长度补偿功能，而且还具有机床轴向运动误差补偿，丝杠、齿轮的间隙补偿等一系列功能。

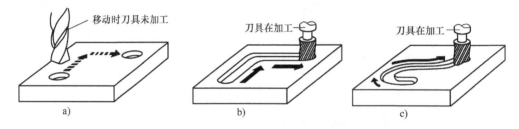

图 2-4　数控系统的控制方式

三、按伺服系统控制方式分类

1. 开环伺服系统

这种控制方式不带位置测量元件。数控装置根据信息载体上的指令信号，经控制运算发出指令脉冲，使伺服驱动元件转过一定的角度，并通过传动齿轮和滚珠丝杠螺母副，使执行机构（如工作台）移动或转动。如图 2-5 所示为开环控制系统的框图。这种控制方式没有来自位置测量元件的反馈信号，对执行机构的动作情况不进行检查，指令流向为单向，因此被称为开环控制系统。

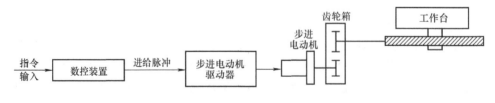

图 2-5　开环控制系统框图

步进电动机伺服系统是最典型的开环控制系统。这种控制系统的特点是控制简单，调试维修方便，工作稳定，成本较低。由于开环伺服系统的精度主要取决于伺服元件和机床传动元件的精度、刚度和动态特性，因此控制精度较低，目前在国内多用于经济型数控机床，以及对旧机床的改造。

2. 闭环伺服系统

这是一种自动控制系统，其中包含功率放大和反馈，使输出变量的值响应输入变量的值。数控装置发出指令脉冲后，当指令值送到位置比较电路时，若工作台没有移动，即没有位置反馈信号时，指令值使伺服驱动电动机转动，并经过齿轮和滚珠丝杠螺母副等传动元件带动机床工作台移动。装在机床工作台上的位置测量元件测出工作台的实际位移量后，将其反馈到数控装置的比较器中与指令信号进行比较，并用比较后的差值进行控制。若两者存在差值，经放大器放大后，再控制伺服驱动电动机转动，直至差值为零时，工作台才停止移动。图2-6所示为闭环控制系统框图。闭环伺服系统的优点是精度高、速度快，主要用在精度要求较高的数控镗铣床、数控超精车床和数控超精镗床等机床上。

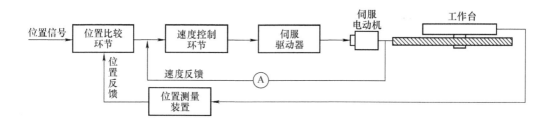

图2-6 闭环控制系统框图

3. 半闭环伺服系统

这种控制系统不是直接测量工作台的位移量，而是通过旋转变压器、光电编码盘或分解器等角位移测量元件，测量伺服机构中电动机或丝杠的转角，来间接测量工作台的位移。这种系统中滚珠丝杠螺母副和工作台均在反馈环路之外，其传动误差等仍会影响工作台的位置精度，故称为半闭环控制系统。图2-7所示为半闭环控制系统框图。

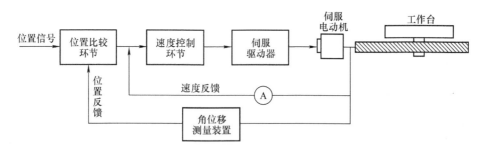

图2-7 半闭环控制系统框图

半闭环伺服系统介于开环伺服系统和闭环伺服系统之间。由于角位移测量元件比直线位移测量元件结构简单，因此装有精密滚珠丝杠螺母副和精密齿轮的半闭环伺服系统被广泛应用。目前已经把角位移测量元件与伺服电动机设计成一个部件，使用起来十分方便。半闭环伺服系统的加工精度虽然没有闭环系统高，但是由于采用了高分辨率的测量元件，这种控制方式仍可获得比较满意的精度和速度。其系统调试比闭环伺服系统方便，稳定性好，成本也比闭环伺服系统低。目前，大多数数控机床采用半闭环伺服系统。

四、按可控制联动的坐标轴分类

1. 两轴联动数控机床

数控机床能同时控制两个坐标轴联动，可用于加工各种回转体零件（图 2-8），如数控车床。

2. 两轴半联动数控机床

数控机床有三根坐标轴，能做三个方向的运动，但数控装置只能同时控制两根坐标轴，第三轴只能做等距周期运动（图 2-9），可加工空间曲面。

3. 三轴联动数控机床

数控机床能同时控制三根坐标轴联动（图 2-10），可用于加工曲面零件，如数控铣床。

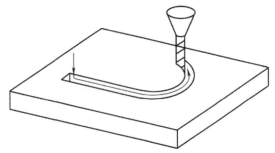

图 2-8　两轴联动加工

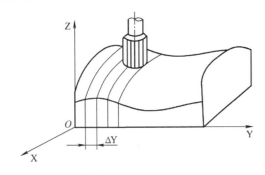

图 2-9　两轴半联动加工

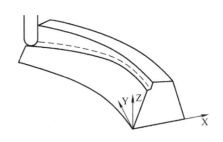

图 2-10　三轴联动加工

4. 多轴联动数控机床（图 2-11）

数控机床能同时控制三根以上坐标轴联动，可使刀具轴线方向在一定的空间内接受任意控制，主要用于加工异形复杂的零件，如图 2-12 所示。

图 2-11　多轴联动数控机床

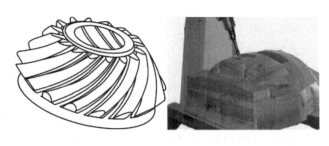

图 2-12　多轴联动加工及其工件

五、按功能水平分类

数控机床按数控系统的功能水平可分为经济型、普及型、精密型三档（表2-2），这种分类方式在我国用得较多。三档分类的界限是相对的，不同时期的划分标准有所不同。就目前的发展水平来看，大体可以从以下几个方面区分。

表2-2　数控系统性能参数

项　　　目	经济型	普及型	精密型
分辨率和进给速度	$10\mu m$、$8\sim15m/min$	$1\mu m$、$15\sim24m/min$	$0.1\mu m$、$15\sim100m/min$
伺服进给类型	开环、步进电动机系统	半闭环直流或交流伺服系统	闭环直流或交流伺服系统
联动轴数	2轴	$3\sim5$轴	$3\sim5$轴
主轴功能	不能自动变速	自动无级变速	自动无级变速、C轴功能
通信能力	无	RS-232C 或 DNC 接口	MAP 通信接口、联网功能
显示功能	数码管显示、CRT 字符	CRT 显示字符、图形	三维图形显示、图形编程
内装 PLC	无	有	有
主 CPU	8bit CPU	16bit 或 32bit CPU	64bit CPU

检查与评价

课堂学习完成后，根据实践计划到实习车间参观不同类型的数控机床，完成实践任务，填写本次学习任务评价表，见表2-3。

表2-3　学习任务评价表

机床名称	工艺用途	控制方式	运动方式	联动方式	功能水平

学习过程中遇到什么问题,如何解决的

个人评价

小组互评

教师点评

🔄 **相关知识**

　　机器人是指自动执行工作的机器装置。目前工业机器人已经广泛应用于搬运、电弧焊、涂胶、切割、喷漆、科研及教学、机床加工等领域。如图 2-13 所示为机器人应用于数控机床自动上下料。

图 2-13　机器人自动上下料

🔄 **总结提高**

　　1）数控机床的类型很多，有多种分类方法，通过学习基本能分清各种类型的数控机床，了解该机床在生产中的作用。

　　2）坐标联动是指数控系统控制多个坐标轴按照需要协调运动。要注意区分不同联动轴数对加工过程的影响。

课题二　数控机床的结构、布局和作用

🔄 **课堂任务**

　　1. 熟悉常见数控车床的结构特点。

　　2. 熟悉常见数控铣床和加工中心的结构特点。

🔄 **实践提示**

　　1. 观察不同类型的数控车床，分析其结构布局并区别各部分的作用。

2. 观察不同类型的数控铣床和加工中心，区别其结构并说明各部分的作用。

实践准备

　　数控机床是由哪些部分组成的？各部分都有什么作用？数控车床有哪些布局方式？数控铣床有哪些布局方式？加工中心和数控铣床在结构上有什么不同？如何区分立式和卧式机床？请认真思考上述问题，查阅有关资料，完成本次实践计划表。

知识学习

　　数控机床大都采用机、电、液、气一体化布局，全封闭或半封闭防护，机械结构大大简化，易于操作和实现自动化。根据不同的加工需求，数控机床的结构布局、外形和功能也不尽相同，如图 2-14 和图 2-15 所示为不同厂家生产的加工中心。

图 2-14　加工中心（一）

图 2-15　加工中心（二）

　　在数控机床上加工工件时与在普通机床上加工工件一样，要由主运动（由刀具或工件完成）和进给运动（刀具和工件做相对运动）实现工件表面的成形运动（直线运动、圆周运动或螺旋运动、曲线轨迹运动）。而机床的这些运动，必须由相应的执行部件（如主运动部件、直线或圆周进给部件）以及一些必要的辅助运动（如转位、夹紧、冷却及润滑）部件来完成。

　　多数数控机床的总体布局与和它类似的普通机床的总布局是基本相同或相似的，并且已经形成了传统的、经过考验的固定形式，只是随着生产要求与科学技术的发展，还会不断有所改进。

一、数控车床的布局和结构特点

数控车床由数控系统、床身、主轴、刀架进给系统和尾座等部分组成，如图 2-16 所示。

1. 床身布局

数控车床床身的不同布局形式给操作带来了一定的影响，主要表现在影响数控车床操作的方便程度上。以下为数控车床的三种不同布局方案，其中图 2-17 所示为立床身布局，排屑最方便，切屑直接落入自动排屑的运输装置；图 2-18 所示为斜床身布局，排屑比较方便；图 2-19 所示为横床身布局，加工时观察与排屑均不易，但其制造成本较低。

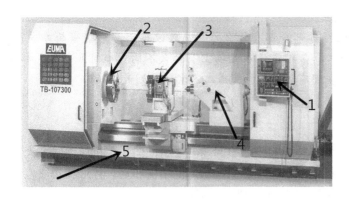

图 2-16　数控车床的组成
1—数控系统　2—主轴　3—刀架进给系统　4—尾座　5—床身

图 2-17　立床身数控车床

图 2-18　斜床身数控车床

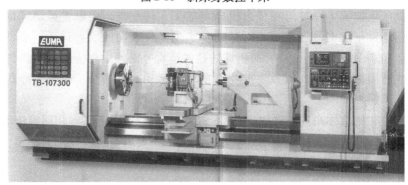

图 2-19　横床身数控车床

中小规格的数控车床采用倾斜床身和水平床身斜滑鞍的布置方式较多。倾斜床身多采用 30°、45°、60°、75° 和 90° 角，常用的有 45°、60° 和 75° 角。大型数控车床和小型精密数控车床采用水平床身较多。由此可见，对数控车床布局特点的了解是合理选用车床及操作车床的基础。

2. 主传动系统及主轴部件

如图 2-20 所示，数控车床的主传动系统一般采用直流或交流无级调速电动机，通过带传动带动主轴旋转，实现自动无级调速及恒切速度控制。主轴组件是机床实现旋转运动的执行件。

3. 进给传动系统

进给传动系统如图 2-21 所示。横向进给传动系统是带动刀架做横向（X 轴）移动的装置，它控制工件的径向尺寸。纵向进给装置是带动刀架做轴向（Z 轴）运动的装置，它控制工件的轴向尺寸。

图 2-20　数控车床主传动系统

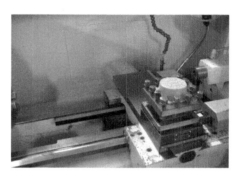

图 2-21　数控车床进给传动系统

4. 自动回转刀架

刀架是数控车床的重要部件，用于安装各种切削加工刀具，其结构直接影响机床的切削性能和工作效率。常见的数控车床刀架分为立式转塔刀架（图 2-22）和卧式转塔刀架（图 2-23）两大类。转塔式刀架是普遍采用的刀架形式，它通过转塔头的旋转、分度和定位来实现机床的自动换刀加工。

图 2-22　立式刀架

图 2-23　卧式刀架

二、数控铣床和加工中心的布局

机床的种类繁多，使用要求各异，即使是同一用途的机床，其结构形式与总布局的方案也可以是多种多样的。图 2-24 所示为数控铣床的三种布局方案。

图 2-25 所示为机床主轴立式布置，上下运动，对工件顶面进行加工；图 2-26 所示为机床主轴卧式布置，加上分度工作台的配合，可加工工件的多个侧面，在卧式铣床的基础上再增加一个数控转台作为附件，一次装夹之后能集中完成多面的铣、镗、钻、铰、攻螺纹等多

工序加工；图 2-27 所示为龙门数控铣床，工作台带动工件做一个方向的进给运动，其他两个方向的进给运动由多个刀架即铣头部件在立柱与横梁上移动来完成。这样的布局不仅适用于质量大的工件的加工，而且由于增加了铣头，使机床的生产率得到了很大的提高。

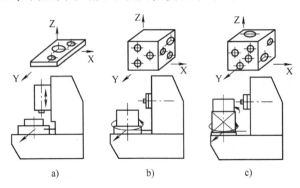

a)　　　　　　　　　b)　　　　　　　　　c)

图 2-24　数控铣床的布局

图 2-25　立式数控铣床

图 2-26　卧式数控铣床

图 2-27　龙门数控铣床

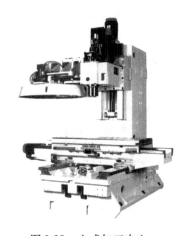

图 2-28　立式加工中心

加工中心是在数控铣床的基础上发展起来的，早期的加工中心就是配有自动换刀装置和刀库并能够在加工过程中实现自动换刀的数控镗铣床。因此，加工中心也可以按照主轴的布局形式分为立式加工中心（如图 2-28）、卧式加工中心（如图 2-29）和复合加工中心等。其中复合加工中心通常是指主轴或者工作台旋转后能够实现机床立、卧模式互换，同时实现两种加工功能。如图 2-30 所示为一种落地式五坐标加工中心。

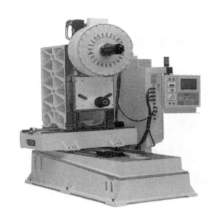

图 2-29 卧式加工中心

图 2-30 落地式五坐标加工中心

三、数控铣床和加工中心的组成

虽然不同厂家生产的铣床和加工中心外形各异，但从总体上看，数控铣床和加工中心通常都由数控系统、机床本体、伺服机构、辅助装置等部件组成。数控铣床的结构如图 2-31 所示。

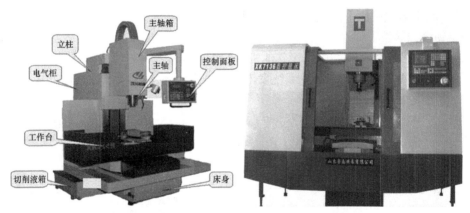

图 2-31 数控铣床的结构

加工中心比同样布局的数控铣床多了刀库及换刀装置，如图 2-32 所示。

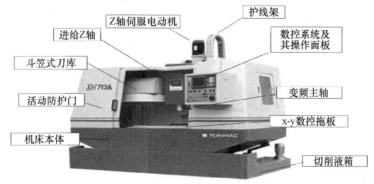

图 2-32 加工中心的结构

1. 数控系统

数控系统是数控机床的核心，如图 2-33 所示为数控系统的控制面板。数控系统由处理器和输入、输出三个部分组成，它接收输入装置输入的加工信息，将其加以识别、存储、运算，并输出相应的控制信号，使机床按规定的要求动作。

图 2-33　数控系统控制面板

2. 机床本体

数控铣床和加工中心的机床本体包括床身、立柱、主轴、工作台、导轨和进给机构等部件，如图 2-34 所示。由于它们的主要任务是承受机床的静载荷以及在加工时产生的切削负载，因此必须要有足够的刚度。它们可以是铸铁件也可以是焊接而成的钢结构件，它们是机床中体积和质量最大的部件。

3. 伺服机构

伺服机构是连接数控系统和数控机床的关键部分，它接受来自数控系统的指令，经过放大和转换，驱动数控机床上的执行件（工作台和主轴）实现加工运动。

4. 自动换刀系统

自动换刀系统是加工中心区别于其他机床的重要标志，由刀库、机械手等部件组成，如图 2-35 所示。当需要换刀时，数控系统发出指令，由机械手（或通过其他方式）将刀具从刀库内取出并装入主轴孔中。

图 2-34　机床本体
1—床身　2—工作台　3—导轨和
进给机构　4—主轴　5—立柱

图 2-35　自动换刀系统

5. 辅助装置

辅助装置包括润滑、冷却、排屑、防护、液压、气动和检测系统等部分。这些装置虽然不直接参与切削运动，但对加工中心的加工效率、加工精度和可靠性起着保障作用，因此也是加工中心中不可缺少的部分。图 2-36 所示为电控箱空调器，图 2-37 所示为自动排屑装置。

电控箱空调

图 2-36　电控箱空调器

自动排屑装置

图 2-37　自动排屑装置

检查与评价

对数控机床布局特点的了解是合理选用机床、操作机床的必备基础。课堂学习完成后，根据实践计划到车间完成教学实践，填写本次学习任务评价表，见表2-4。

表 2-4　学习任务评价表

机床名称	型号	床身布局	主传动系统	进给系统	换刀系统
数控车床					
数控铣床					
加工中心					

学习过程中遇到什么问题,如何解决的

个人评价

小组互评

教师点评

相关知识

其他数控机床结构布局：如图 2-38 所示为立式五轴加工中心，如图 2-39 所示为在卧式五轴加工中心上加工叶轮。

图 2-38　立式五轴加工中心

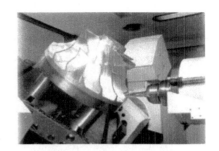

图 2-39　在卧式五轴加工中心上加工叶轮

总结提高

1）数控机床的不同布局就决定了其不同的加工功能，所以一定要学会对不同的机床进行区分，并且能选择不同的机床进行分类。

2）数控机床一般由数控系统、机床本体、伺服机构、辅助装置、换刀系统组成。只有了解了数控机床的不同结构，才能对其进行维护。

课题三　典型数控系统

课堂任务

1. 认识发那科、西门子、华中等几种常见的数控系统。
2. 了解数控系统的作用并掌握常见数控系统的基本操作方法。

实践提示

1. 参观车间内不同类型的数控系统，了解其生产厂家。
2. 近距离观察不同类型数控系统的控制面板，比较其使用区别。

实践准备

什么是数控系统？什么是计算机数控系统？目前世界知名的数控系统有哪些？国内有哪些数控系统生产厂商？不同的数控系统功能有何不同？请认真思考上述问题，查阅有关资料，完成本次任务计划表。

知识学习

一、数控系统的基本组成

数控系统是实现数字控制的装置，计算机数控系统是以计算机为核心的数控系统。工作时，数控装置接收来自信息载体的控制信息并将其转换成数控设备的操作（指令）信号。图 2-40 所示为国产华中数控系统，图 2-41 所示为世界知名的数控系统（西门子和发那科）。

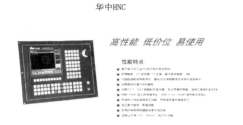

图 2-40 国产华中数控系统

图 2-41 世界知名数控系统

数控系统由输入接口、控制器、运算器、存储器和输出接口五大部分组成。图 2-42 所示为数控系统在数控机床中的位置。

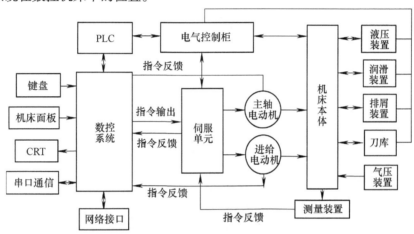

图 2-42 计算机数控系统的组成

二、数控系统的作用

数控系统是数控机床的核心，几乎所有的数控机床控制功能（进给坐标位置与速度、主轴、刀具、冷却及机床强电等多种辅助功能）都由它控制实现。因此，数控系统的发展在很大程度上代表了数控机床的发展方向。

数控系统的主要作用是根据输入的零件加工程序进行相应的处理（如运动轨迹处理、机床输入输出处理等），然后输出控制命令到相应的执行部件（伺服单元、驱动装置和 PLC等）。所有这些工作由数控装置内的硬件和软件协调配合、合理组织，使整个系统有条不紊地工作。

具有闭环控制功能的数控系统还会读入机床位置检测装置发出的实际位置信号，并将其与指令位置比较后，用其差值控制机床的移动，可以获得较高的位置控制精度。

三、数控系统的典型产品

1. FANUC 数控系统

日本 FANUC 公司是专业生产数控系统及工业机器人的著名厂家，也是世界上最有影响的专业厂家之一。FANUC 公司的数控系统具有高质量、高性能、全功能，适用于各种机床和生产机械的特点，在市场上的占有率远远超过其他的数控系统；并且它通过持续不断的技术进步和创新提高客户的生产力，为整个行业的发展提供强劲动力。

目前市面上常见的 FANUC 系统有 FANUC 0i-mate 系列、FANUC 0i 系列、FANUC 18i 系列等普及型、中、高档系列数控系统，见表 2-5。

表 2-5 常见 FANUC 数控系统

参考图片	系统型号		系统类型
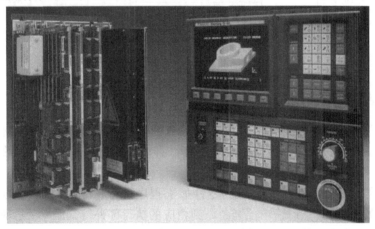	FANUC series 0i 系列	FANUC 0i-TC	车削系统
		FANUC 0i-MC	铣削系统
		FANUC 0i-TD	车削系统
		FANUC 0i-MD	铣削系统
	FANUC series 0i-mate 系列	FANUC 0i-mate TC	车削系统
		FANUC 0i-mate MC	铣削系统
		FANUC 0i-mate TD	车削系统
		FANUC 0i-mate MD	铣削系统
	FANUC series 18i 系列	FANUC 18i	铣削系统

以 FANUC-OC 系列为例，数控系统由数控装置、显示装置与操作面板组成，如图 2-43 所示，图中左边为数控装置，右边为显示装置与操作面板。

图 2-43 FANUC-OC 系统的组成

2. SINUMERIK 数控系统

德国 SIEMENS 公司是生产数控系统的世界著名厂家。20 世纪 70 年代以来，SIEMENS 公司凭借在数控系统及驱动产品方面的专业思考与深厚积累，不断制造出机床产品的典范之作，为自动化应用提供了日趋完善的技术支持。SINUMERIK 系列数控产品能满足各种控制领域不同的控制需求，其构成只需很少的部件。它具有高度的模块化、开放性以及规范化的结构，适于操作、编程和监控。

目前市面上常见的 SINUMERIK 数控系统有 SINUMERIK 802S/C、SINUMERIK 802D、

SINUMERIK 810D、SINUMERIK 840D 等普及型、中、高档系列数控系统，见表2-6。

表2-6　常见的 SINUMERIK 数控系统

参考图片	系统型号		系统类型
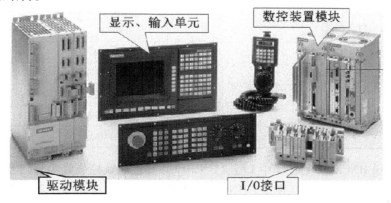	SINUMERIK 802 系列	SINUMERIK 802S baseline	车削/铣削系统
		SINUMERIK 802C baseline	车削/铣削系统
		SINUMERIK 802D baseline	车削/铣削系统
		SINUMERIK 802D sl	车削/铣削系统
	SINUMERIK 810 系列	SINUMERIK 810D	车削/铣削系统
	SINUMERIK 840D 系列	SINUMERIK 840D	车削/铣削系统

如图2-44 所示为 SINUMERIK 840D 数控系统的相关模块，图2-45 所示为 SIEMENS 公司数控系统产品结构。

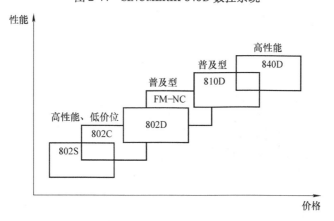

图 2-44　SINUMERIK 840D 数控系统

图 2-45　SIEMENS 公司数控系统产品结构

3. 华中数控系统

华中数控系统是我国为数不多具有自主版权的高性能数控系统之一。它以通用的工业 PC 机（IPC）和 DOS、Windows 操作系统为基础，采用开放式的体系结构，使其可靠性和质量得到了保证。华中数控系统是武汉华中数控股份有限公司在国家"八五""九五"科技攻关的重大科技成果。它适合多坐标（2~5轴）数控镗铣床和加工中心，在增加相应的软件模块后，也能适应于其他类型的数控机床（如数控磨床和数控车床等）以及特种加工机床（如激光加工机和线切割机等）。

华中数控系统有世纪星系列、小博士系列和华中Ⅰ型系列三大系列。世纪星系列采用通用原装进口嵌入式工业PC机、彩色LCD液晶显示器、内置式PLC，可与多种伺服驱动单元配套使用；小博士系列为外配通用PC机的经济型数控装置。

目前市面上常见的华中数控系统有HNC-18/19、HNC-21/22、HNC-28等普及型、中、高档系列数控系统，见表2-7。

表2-7　常见的华中数控系统

参考图片	系统型号		系统类型
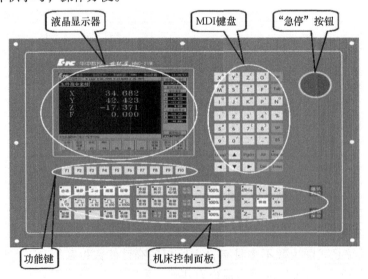	世纪星18系列	HNC-18i/TD	车削系统
		HNC-18i/MD	铣削系统
		HNC-18xp/TD	车削系统
		HNC-18xp/MD	铣削系统
	世纪星21系列	HNC-21/TD	车削系统
		HNC-21/MD	铣削系统
	世纪星22系列	HNC-22/TD	车削系统
		HNC-22/MD	铣削系统
	世纪星28系列	HNC-28	加工中心

华中世纪星HNC-21T是在华中Ⅰ型（HNC-1T）高性能数控装置的基础上，为满足市场要求开发的高性能经济型数控装置。HNC-21T采用彩色LCD液晶显示器、内装式PLC，可与多种伺服驱动单元配套使用。它具有开放性好、结构紧凑、集成度高、可靠性好、性能价格比高、操作维护方便的特点。其车床数控装置操作台为标准固定结构，如图2-46所示，其结构美观、体积小巧，操作方便。

图2-46　华中世纪星HNC-21T

目前国内市场上常见的国产数控系统还有广州数控、航天数控、北京凯恩帝、南京新方达、成都广泰等，国外的品牌有德国的海德汉尔、西班牙的发格、意大利的菲地亚、法国的 NUM、日本的三菱和安川等。

广州数控是近几年来发展比较迅速的数控系统，在我国特别是广大南方地区有着众多的用户。广州数控的主要产品有 GSK 系列车床、铣床、加工中心数控系统，如图 2-47 和图 2-48 所示。

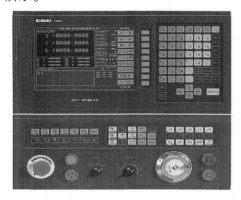

图 2-47　GSK 21MA 加工中心数控系统

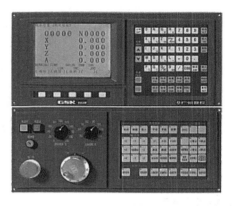

图 2-48　GSK 983M 加工中心数控系统

检查与评价

课堂学习完成后，根据实践计划到车间参观不同厂家、不同类型的数控系统，填写本次学习任务评价表，见表 2-8。

表 2-8　学习任务评价表

系统名称	系统型号	系统类型	系统功能	系统特点

学习过程中遇到什么问题,如何解决的

个人评价

小组互评

教师点评

相关知识

了解 FANUC-OD 数控系统的配置（OTD），如图 2-49 所示。

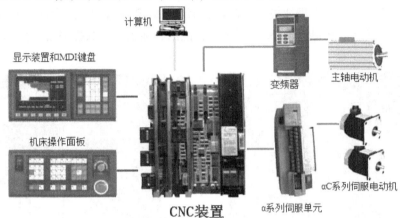

图 2-49　FANUC-OD 数控系统的配置（OTD）

总结提高

1）了解掌握数控装置的作用。

2）认识目前市场上应用较多的数控系统及其生产厂家，比较不同厂家数控系统的异同。

课题四　数控机床的电气控制系统

课堂任务

1. 认识数控机床电气控制系统的各组成单元，了解其在机床运行中所承担的角色。

2. 了解数控机床常用电气元件及其生产厂家，掌握常用控制电气的维护方法。

3. 能按日常维护保养要求对数控机床的电气控制系统进行保养。

实践提示

1. 观察车间内数控机床的电气控制系统，了解各组成单元的作用。

2. 列举出该设备中使用的电气元件名称、生产厂家和数量。

3. 选择一台数控机床，清扫数控柜的散热通风系统，更换电池，检测漏电开关和熔断器等保护装置。

实践准备

什么是机床电气控制系统？机床电气控制系统的作用是什么？常见的电气元件有哪些？这些电气元件在机床运行中分别起到什么作用？国内外有哪些知名的电气元件生产厂家？请认真思考上述问题，查阅有关资料，完成本次实践计划表。

知识学习

数控机床是典型的机电一体化产品，除了包括计算机数控装置和伺服驱动装置外，还必须有配套的电气控制电路和辅助功能控制装置。

数控机床的电气控制电路包括主电路、控制电路、数控系统接口电路等几个部分。机床主电路主要用来实现电能的分配和短路保护、欠电压保护、过载保护等功能。机床控制电路主要用来实现对机床的液压、冷却、润滑、照明等进行控制。数控系统接口电路则用来完成信号的变换和连接工作。如图 2-50 所示为数控机床电气控制系统实验设备。

图 2-50　数控机床电气控制系统实验设备

数控系统除了用于进给位置控制的准备功能（G 功能）外，还用于刀具更换、切削液开关、主轴启停、换向变速和零件装卸等以开关量顺序控制为主的动作控制功能，这些辅助动作控制功能通称为数控辅助功能。这些辅助功能一般采用可编程序控制器（PLC）实现。

一、认识数控机床常用电气控制元件

对电能的生产、输送、分配和使用起控制、调节、检测、转换及保护作用的电工器械称为电器。在机床中常使用低压电器。低压电器是指在交流电压小于 1200V、直流电压小于 1500V 的电路中起通断、控制、调节及保护作用的电器，一般按用途可分为以下几种。

（1）控制电器　用于各种控制电路和控制系统的电器，如接触器和继电器等。

（2）主令电器　用于自动控制系统中发送控制指令的电器，如按钮和行程开关等。

（3）保护电器　用于保护电路及用电设备的电器，如熔断器和热继电器等。

（4）配电电器　用于电能的输送和分配的电器，如低压断路器和隔离器。

（5）执行电器　用于完成某种动作或传动功能的电器，如电磁铁和电磁离合器等。

表 2-9 列出了数控机床上常用的电气元件及其在机床运行中的作用。

表2-9　常用的电气元件及其作用

名称	实物图	作用	符号表示	说明
控制按钮		常用于接通和断开控制电路	E-\SB　E-7SB　E-\7SB 动合触点　动断触点　复合触点	一般用红色表示停止和急停，绿色表示起动，黑色表示点动，蓝色表示复位
行程开关		用来控制某些机械部件的运动行程和位置或进行限位保护	符号 \SQ　\7SQ 动合触点　动断触点	行程开关结构与按钮类似，但其动作要由机械撞击
低压断路器		用于接通和分断主电路，同时对电路发生的过载、短路、失压等故障起自动切断电路的保护作用	QF	又称自动空气开关，可用于不频繁地接通、分断负荷的电路，控制电动机的运行和停止
接触器		用来频繁接通和断开电动机或其他负载的主电路	KM　KM　KM　KM 线圈 动合触点 动断触点	主触点额定电压应大于或等于负载回路的额定电压
继电器		利用电流、电压、时间、温度等信号的变化来接通或断开所控制的电路	KA　KA　KA 线圈　常开触点　常闭触点	体积和触点容量小，触点数目多，且只能通过小电流
熔断器		用于低压电路中的短路保护	FU	熔断器额定电压、电流应大于或等于线路的工作电压、电流

（续）

名称	实物图	作用	符号表示	说明
变压器		将某一数值的交流电压变换成频率相同但数值不同的交流电压	T 单相变压器　三相变压器	把工业用电变为数控机床可以使用的电压。三相变压器用来给伺服电动机供电
开关电源		将非稳定交流电源变成稳定直流电源	VC ～／—	为驱动器控制单元、直流继电器、信号指示灯等提供直流电源
变频器		通过改变电源频率来改变电压，主要用来模拟控制主轴单元	PE L1 L2 L3 2 5(模拟信 SD STF STR (DC0~10V)号公共端) 三菱FR-E500 PE U V W　B C + PR	能够实现过载、过电流和过电压等保护功能
伺服驱动器		接受来自数控装置的指令信息，经功率放大后，按照指令信息的要求驱动机床的进给轴运动		控制伺服电机的起动、停机、转速等
编码器		用来测量角位移或者进行数字测速	编码器 机械传动 BM	在数控车床中用于 C 轴控制和螺纹切削
I/O模块		CNC 与机床之间信息传递和变换的中转站		PMC 模块为 I/O 模块的一种

（续）

名称	实物图	作用	符号表示	说明
电子手轮		用于数控机床的零位补正和信号分割	内置手轮 A　B　0V　VCC SL	手摇脉冲发生器，也称手轮、手脉
接线端子		连接屏内外设备的线路，起到（电压、电流）信号传输作用	XTO	在远距离线之间连接时美观、牢靠，施工和维护方便

二、电气元件的使用环境与要求

1. 运行环境

为提高数控设备的使用寿命，一般要求避免阳光的直接照射和其他热辐射，电气柜应安装温度调控装置（图2-51），要避免太潮湿、粉尘过多或有腐蚀气体的场所。腐蚀气体易使电子元件腐蚀变质，造成接触不良或元件间短路，影响设备的正常运行。精密数控设备要远离振动大的设备，如冲床和锻压设备等。

2. 电源要求

为了避免电源波动幅度大（大于 ±10%）和可能瞬间干扰信号等的影响，数控设备一般采用专线供电（如从低压配电室分一路单独供数控机床使用）或增设稳压装置（图2-52）等，以减少对供电质量的影响和电气干扰。

图2-51　电气柜温度调控设备

图2-52　数控机床用稳压电源

3. 操作规程

操作规程是保证数控机床安全运行的重要措施之一，操作者一定要按操作规程操作。机床发生故障时，操作者要注意保留现场，并向维修人员如实说明出现故障前后的情况，以利于分析、诊断出故障原因，及时排除故障。

三、数控机床电气系统的维护与保养

数控机床种类很多，具体应根据其种类及实际使用情况，并参照机床使用说明书要求，制订和建立定期、定级维护保养制度。下面介绍常见、通用的机床电气系统的日常维护保养要点。

1. 严格遵循操作规程

数控系统编程、操作和维修人员必须经过专门的技术培训，熟悉所用数控机床的机械、数控系统、强电设备，液压、气源等部分及使用环境、加工条件等；能按机床和系统使用说明书的要求正确、合理地使用机床，尽量避免因操作不当引起故障。

2. 防止数控装置过热

定期清理数控装置的散热通风系统。应经常检查数控装置上各冷却风扇的工作是否正常；应视车间环境状况，每半年或一个季度检查清扫一次。

3. 经常监视数控系统的电网电压

数控系统允许的电网电压范围为额定值的 90% ~ 110%。如果其电网电压超出此范围，轻则使数控系统不能稳定工作，重则会造成重要电子部件损坏。因此，要经常注意电网电压的波动。对于电网质量比较恶劣的地区，应配置数控系统专用的交流稳压电源，这将使故障率有明显的降低。

4. 防止尘埃进入数控装置内

在机加工车间的空气中一般都会有油雾、灰尘甚至金属粉末，一旦它们落在数控系统内的电路板或电子器件上，容易引起元器件间绝缘电阻下降，甚至导致元器件及电路板损坏。

5. 定期更换存储用电池

一般数控系统内对 CMOS RAM 存储器件设有可充电电池维护电路，以保证系统不通电期间能保持其存储器的内容。在一般情况下，即使该电池尚未失效，也应 1 ~ 2 年更换一次，以确保系统正常工作。电池的更换应在数控系统供电状态下进行，以防更换时 RAM 内的信息丢失。如图 2-53 所示为 FANUC 伺服驱动器存储用电池。

图 2-53　FANUC 伺服驱动器存储用电池

6. 电源的维护与保养内容

1）三相电源的电压值是否正常，有否偏相。

2）所有电气连接是否良好。

3）各类开关是否有效。

4）各继电器、接触器工作是否正常。

5）检验热继电器、电弧抑制器等保护器件是否有效。

6）检查电气柜防尘滤网和冷却风扇是否正常。

7. 备用元器件的维护

备用元器件长期不用时，应定期通电运行一段时间，以防受潮或者损坏。

检查与评价

课堂学习完成后，根据实践计划到实习车间参观数控机床电控部分，填写本次学习任务评价表，见表2-10。

表2-10　学习任务评价表

元器件名称	型号	符号表示	功能作用	生产厂家	维护保养

学习过程中遇到什么问题，如何解决的

个人评价

小组互评

教师点评

相关知识

FAGOR 8025/8030 数控系统是由西班牙 FAGOR 公司生产的数控系统产品。

1. 外形结构

FAGOR 8025/8030 数控系统的外形结构如图 2-54 所示，其操作面板、CRT 显示器和系统主板采用一体化集成安装结构。该数控系统分为不带 PLC 型和内装 PLC 型两种形式，其前面板及外形结构相同，后面板 I/O 插接器数量不同，不带 PLC 型只有 I/O1、I/O2 两个 I/O 插接器，而内装 PLC 型有 I/O1、I/O2、I/O3 三个 I/O 插接器，如图 2-55 所示。下面以不带 PLC 型的 FAGOR 8025/8030 数控系统（图 2-55a）为例，介绍其在 CK6150 数控车床上的应用。

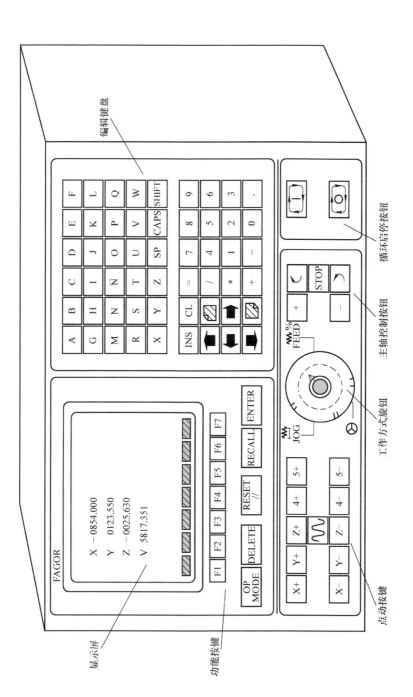

图 2-54　FAGOR 8025/8030 数控系统的外形结构

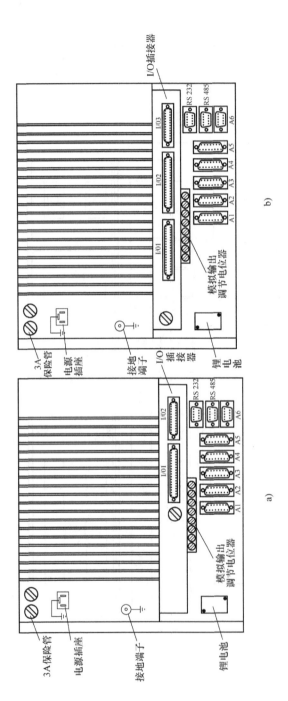

图 2-55 FAGOR 8025/8030 数控系统后面板布局
a) 不带 PLC 型 b) 内装 PLC 型

2. I/O 插接器配置

FAGOR 8025/8030 数控系统采用交流 220V 电源供电，靠后备锂电池保存机床参数等信息。该系统有两个 I/O 插接器、5 个编码器输入插座、一个电子手轮输入插座和两个串行通信接口，经 RS-232 和 RS-485 通信接口可以很容易地实现通信和联网。

（1）I/O 插接器 I/O 插接器 I/O1、I/O2 用来向伺服驱动装置提供模拟电压给定信号，向外部独立型 PLC 输出辅助功能信号，接受外部 PLC 送来的同步信号等。

（2）位置反馈编码器输入 A1、A2、A3、A4 A1 ~ A4 为 4 个位置反馈旋转编码器输入 15 针插座。

（3）主轴编码器输入 A5 A5 为主轴编码器输入插座，用于主轴转速反馈和螺纹加工。

（4）电子手轮输入 A6 A6 为电子手轮输入插座。

总结提高

1）对数控机床电控系统及元器件的功能特点的了解是适当维护机床、判断故障的必备基础。一般来说，常见数控机床的电气结构由数控系统、电气控制柜和电动机等几部分构成。

2）通过本单元的学习，能够认识数控机床电气结构及元器件的功能特点，根据不同的控制单元实施相应的维护方法，对常见故障有一定的判别能力。

创新实践

请同学们到达实践地点，扫码进入，按照要求完成配电箱巡查任务。

三级配电箱

编号：XXX
位置：XXX

单元三
数控机床的安装调试

数控机床属于高精密、高自动化机床，安装调试时应严格按机床制造厂提供的使用说明书及有关的技术标准进行，其安装质量的好坏将直接影响机床的正常工作及其使用寿命。

通过本单元的学习，能掌握数控机床安装、调试和验收的基本流程和方法。

课题一　安装数控机床

课堂任务

1. 了解数控机床安装前期的准备工作。
2. 掌握数控机床的安装流程和安装方法。

实践提示

1. 参观车间里正在使用的数控机床，观察其安装环境。
2. 查阅资料，请教有关人员，了解设备的安装流程和安装方法。

实践准备

什么是数控机床的安装？安装数控机床之前要做哪些准备工作？安装数控机床有哪些步骤？不同类型数控机床的安装过程有什么不同？完成这次安装需要哪些工具？请认真思考上述问题，查阅有关资料，完成本次实践计划表。

知识学习

新买的数控机床运到场地后，首先要进行安装、调试，并进行试运行，验收合格后才能交付使用，图3-1和图3-2所示就是数控机床安装前的施工。

一、电源和场地要求

1. 基础施工的要求

1）设备之间、设备与墙壁之间的距离适当，机床旁应留有足够的工件运输通道和存放空间。

2）远离振源，必要时设置防振沟（振动会影响加工精度及稳定性，将使电子元件接触不良，发生故障，影响机床的可靠性）。

3）避免阳光照射和热辐射的影响。

4）避免潮湿，环境温度低于30℃，相对湿度小于80%（过高的温度和湿度将导致控制系统元件寿命降低，并导致故障增多。温度升高、湿度增大、灰尘增多，都会在集成电路板上产生粘结现象，导致短路）。

5）环境清洁。

6）电源电压必须在允许范围内，并且保持相对稳定。

图 3-1　数控设备安装基础施工

图 3-2　管道预埋

2. 安装地基的准备

为增大阻尼，减少机床振动，地基应有一定的质量。为避免过大的振动、下沉和变形，地基应具有足够的强度和刚度。机床作用在地基上的压强一般为 $3 \times 10^4 \sim 8 \times 10^4 \mathrm{N/m^2}$，一般天然地基足以保证其使用要求，但机床要安装在均匀的同类地基上。对于精密的机床和重型机床，工作时有较大的工件在床身上移动，会引起地基的变形，因此需加大地基刚度，以减小地基的变形。地基的处理方法有夯实法、换土垫层法、碎石挤密法或碎石桩加固法。精密机床或 50t 以上的重型机床，其地基加固可用预压法或采用桩基。安装地基的具体要求如下：

1）在确定的数控机床的安放位置上，根据机床说明书提供的安装地基图进行施工，如图 3-3 所示，同时要考虑机床重量及重心位置。

图 3-3　落地机床的安装地基

2）考虑与机床连接的电缆、管道的位置及尺寸。

3）预留地脚螺栓、预埋件的位置。

4）中小型机床可按照《工业建筑地面设计规范》执行。

5）留出安装、调试和维修时所需的空间。

6）大型、重型机床需要专门做地基，精密机床应该安装在单独的地基上，还应加防振措施。

二、开箱检验

开箱检验是一项很重要的清点工作，不能忽视。数控机床到厂后，采购方设备管理部门要及时组织有关人员与供货方人员一起进行开箱检验，如图3-4所示。供需双方按照随机装箱单和合同对箱内物品逐一进行核对检查，并做好记录，包括以下内容

1）包装箱是否完好，机床外观有无明显损坏，是否锈蚀、脱漆。

2）装箱单、技术资料是否齐全。

3）备件品种、规格、数量。

4）安装附件，如调整垫铁、地脚螺栓等的品种、规格、数量。

5）其他应配备的及合同内容约定的物品。

图3-4　开箱检验

验收中若发现型号不符、缺少零件或设备有磕碰、变形、损坏、受潮、锈蚀等影响设备质量的情况，应及时反映、取证、查询或进行索赔。

三、机床就位

起吊机床应注意机床的重心和起吊位置，严格按说明书上的吊装图进行。起吊时将各部件固定在合适位置，尽量使机床底座呈水平状态。使用钢丝绳时，应垫上木块或垫板，以防打滑，防止损坏漆面、加工面及突出部位。待机床吊起70～170mm时，仔细检查悬吊装置是否稳固，然后将机床送至安装位置，对应机床床身安装孔位置，通过调整垫铁及地脚螺栓将机床安装在准备好的地基上，如图3-5所示。

四、机床连接

中小型机床一般是整机安装，大型机床则需要到使用场地进行连接组装。机床部件组装前，首先去除安装连接面、导轨和各运动面上的防锈涂料，做好各部件外表的清洁工作，然后把机床各部件组成整机，如图3-6所示。如将立柱、数控柜、电气柜装在床身上，刀库机械手装到立柱上等。组装时要使用原来的定位销、定位块和定位元件，使安装位置恢复到机床拆卸前的状态，以利于下一步的精度调试。

部件组装完成后进行电缆、油管和气管的连接。机床说明书上有电气接线图和气、液压管路图，应据此把有关电缆和管道按标记一一对号接好。连接时特别要注意清洁工作，并进

行可靠的接触及密封，并检查有无松动和损坏。电缆插上后一定要拧紧紧固螺钉，保证接触可靠。油管、气管连接中要特别防止异物从接口中进入，防止管路造成整个液压系统故障。连接管路时每个接头都要拧紧，尤其在一些大的分油器上，如果有一根管子漏油，则往往需要拆下一批管子，返修工作量很大。电缆和油管连接完毕后，要做好各管线的就位固定及保护罩壳的安装，保证整齐的外观。

图 3-5　机床就位

图 3-6　龙门数控机床的组装

五、调整安装水平

数控机床完成就位和安装后，在进行几何精度检验前，通常要在基础上先用水平仪进行安装水平的调整。调整机床的安装水平的目的是取得机床的静态稳定性，这是机床的几何精度检验和工作精度检验的前提条件。调整机床安装水平应符合以下要求。

1）机床应以床身导轨作为安装水平的检验基础，并用水平仪和桥板或专用检具在床身导轨两端、接缝处和立柱连接处按导轨纵向和横向进行测量，如图 3-7 所示。

2）应将水平仪按床身的纵向和横向放在工作台上或溜板上，并移动工作台或溜板，在规定的位置进行测量。

3）应以机床的工作台或溜板为安装水平的检验基础，并将水平仪按机床纵向和横向放置在工作台或溜板上进行测量，但工作台或溜板不应移动位置。

4）应用水平仪在床身导轨纵向等距离移动进行测量，并将水平仪读数依次排列在坐标纸上，画垂直平面内直线度误差曲线，应以误差曲线两端点连线的斜率作为该机床的纵向安装水平。横向安装水平应以横向水平仪的读数值计。

5）应用水平仪在设备技术文件规定的位置上进行测量。

图 3-7　调整机床安装水平

将数控机床放置于地基上，在自由状态下按机床说明书的要求调整其水平，然后将地脚螺栓均匀锁紧。找正安装水平的基准面，应在机床的主要工作面（如机床导轨面或装配基面）上进行。对中型以上的数控机床，应采用多点垫铁支承，将床身在自由状态下调成水平。机床水平垫铁应尽量靠近地脚螺栓，以防止紧固地脚螺栓时使已调整好的水平精度发生变化。水平仪读数应小于说明书中的规定数值。

在各支承点都能支承住床身后，再压紧各地脚螺栓。在压紧过程中，床身不能产生额外的扭曲和变形。高精度数控机床可采用弹性支承进行调整，防止机床振动。

安装水平调整工作应选取一天中温度较稳定的时候进行。应避免为适应调整水平的需要，使用易引起机床产生变形的安装方法；避免引起机床的变形，以及由此引起导轨精度及与导轨相匹配件的配合和连接的变化，使机床精度和性能遭到破坏。

安装好的数控机床，考虑水泥地基的干燥需要一段时间，故要求机床运行数月或半年后再精调一次床身水平，以保证机床长期工作精度，提高机床精度的保持性。

检查与评价

课堂学习完成后，根据实践计划到实习车间参观数控机床的安装和运行状况，填写本次学习任务评价表，见表 3-1。

表 3-1　学习任务评价表

任务名称				
知识再现	数控机床安装	准备工作		安装过程
实践活动		型号	安装方式	运行环境	改善项目
设备名称					

在学习中遇到什么问题，如何解决的

个人自评

小组互评

教师点评

相关知识

资料的验收和归档

在开箱检验和资料归档时，应该按照以下六项文件进行详细的查阅，不然的话，后续设备的使用和检修都非常不方便，不能将设备的效益充分发挥出来。

1. 安装图

安装图应给出安装机械的准备工作所需的所有资料，在复杂情况下，可能需要参阅详细的装配图。安装图应清楚表明现场安装电源电缆的推荐位置、类型和截面积，应给定机械电气设备电源线用的过电流保护器件的形式、特性，选择额定和调定电流所需的数据。

2. 框图（系统图）和功能图

为便于了解操作的原理，应提供框图（系统图）。框图（系统图）象征性地表示电气设备及其功能关系。功能图可作为框图的一部分，也可有单独的功能图。

3. 电路图

如果框图（系统图）不能详细表明电气设备的基本原理，则应提供电路图。这些图应示出机械及其有关电气设备的电气电路。机械上和文件中的器件和元件的符号和标志应是完全一致的。在适当的场合应提供表明接口连接端子的电路图。

4. 操作说明书

技术文件中应包含一份详述安装和使用设备的正确方法的操作说明书，应特别注意其中提出的安全措施和不合理的操作方法。如果用户可以为设备操作编制程序，则应提供编程方法、需要的设备、程序检验和附加安全措施的详细资料。

5. 维修说明书

技术文件中应包含一份详述调整、维护、预防性检查和修理的正确方法的维修说明书。维修记录和有关建议应为该说明书的一部分。

6. 元器件清单

元器件清单至少应包括订购备用件或替换件（如元件、器件、软件、测试设备和技术文件）所需的信息。这些文件是预防性维修和设备保养所必须的，其中包括建议设备用户储备的元器件。

⚙ 总结提高

1）安装数控机床前的准备工作非常重要，准备工作做得是否到位，直接影响数控机床的使用。

2）数控机床安装主要包括机床就位、机床组装、调整水平几个过程，应认真掌握各阶段的注意事项。

课题二　调试数控机床

⚙ 课堂任务

1. 了解数控机床的调试流程及调试项目。
2. 熟悉相关检测仪器的使用方法。

⚙ 实践提示

1. 根据所学知识分析能做的数控机床调试项目，制订实践计划。
2. 用相关仪器调试数控机床，记录测试项目及数据。

⚙ 实践准备

为什么要调试机床？调试机床包括哪些项目？调试数控机床和调试普通机床有什么区别？数控机床精度调试包括哪几项？分别是什么含义？调试几何精度和位置精度分别会用到哪些工具？你认识这些工具吗？本校能完成哪些数控机床调试项目？请认真思考上述问题，查阅有关资料，完成本次实践计划表。

⚙ 知识学习

购买数控机床时，都会签订一定的标准要求，在机床到位以后，必须要检验机床是否达到这些标准。即使数控机床在出厂时一切技术参数都符合相关的标准，但在包装运输过程中，也可能会因为各种原因，导致数控机床各部分的位置关系发生变化，甚至使某些零部件磨损或损坏。

数控机床的精度不仅受制造环节的影响，而且受机床使用环境、机床安装调试水平的限制。因此，通过调整机床的相关部件以及相关参数，能够改善机床性能。如图 3-8 所示为技术人员在调试数控机床的几何精度。

图 3-8　调试数控机床几何精度

在完成就位安装的相关验收工作后，可以对数控机床进行功能验收和调试，为后续的几何精度和工作精度的验收和调试做前期的准备。

一、手动模拟检测机床

1. 用手摇脉冲编码器进行进给检查各轴运转情况

用手摇脉冲编码器执行进给操作，使机床各坐标轴连续运动，通过 CRT 显示的坐标值来检查机床移动部件的方向和距离是否正确；另外，用手摇脉冲编码器进给低速移动机床各坐标轴，并使移动的轴碰到限位开关，用以检查超程限位是否有效、机床是否准确停止、数控系统是否在超程时发生报警；用点动或手动快速移动机床各坐标轴，观察在最大进给速度时，是否发生误差过大报警。

2. 用准停功能来检查主轴的定位情况

加工中心主轴准停功能的好坏，关系到能否正确换刀及精镗孔的退刀问题，可用准停指令（M19）来确认主轴的定位性能是否良好。

二、控制功能的检验调整

按机床说明书要求给机床润滑油箱、润滑点灌注规定的油液和油脂，清洗液压油箱及过滤器，灌入规定编号的液压油。液压油事先要经过过滤，为机床气动元件接通外界输入的气源。

给机床通电，可以是各部件全面供电或各部件分别供电然后做总供电试验。分别供电比较安全，但时间较长。通电后首先观察有无报警故障，然后用手动方式陆续起动各部件。检查安全装置是否起作用，能否正常工作，能否达到额定的工作指标。例如，起动液压系统时先判断液压泵电动机的转动方向是否正确，液压泵工作后液压系统冷却装置能否正常工作等。总之，根据机床说明书粗略检查机床主要部件，看功能是否正常、齐全，要使机床在操作下运动起来。

通电无误后调整机床的床身水平，粗调机床的主要几何精度，再调整重新组装的主要运动部件与主机的相对位置，如机械手、刀库与主机换刀位置的找正，APC托盘站与机床工作台交换位置的找正等。这些工作完成后，就可以用快干水泥灌注主机和各附件的地脚螺栓，把各个预留孔灌平，等水泥完全干固以后，就可以进行机电联合运行调试。

在数控系统与机床联机通电试车时，为了预防万一，应在接通电源的同时做好按压急停按钮的准备，以备随时切断电源（图3-9）。例如，伺服电动机的反馈信号线接反了或断线了，均会出现"飞车"现象，这时就需要立即切断电源，检查接线是否正确。在正常情况下，电动机首次通电的瞬间，可能会有微小的转动，但系统的自动漂移补偿功能会使电动机轴立即返回。此后，即使电源再次断开、接通，电动机轴也不会转动，可以通过多次通、断电源或按急停按钮的操作，观察电动机是否转动，从而也确认系统是否有自动漂移补偿功能。

图3-9　数控机床机电联合运行调试

在检查机床各轴的运转情况时，应用手动连续进给移动各轴，通过CRT或DPL（数字显示器）的显示值检查机床部件的移动方向是否正确。如移动方向错，则应将电动机动力线与检测信号线反接，然后检查各轴的移动距离是否与移动指令相符。如不符，应检查有关指令、反馈参数以及位置控制环增益等参数的设定是否正确。随后，再用手动进给，以低速移动各轴，并使它们碰到超程开关，用以检查超程限位是否有效，数控系统是否在超程时发出报警。最后，还应进行一次返回参考点操作。机床的参考点是以后机床进行加工的程序基准位置，因此必须检查有无参考点功能以及每次返回参考点的位置是否完全一致。

三、机床功能的调整

小型数控机床整体刚度好，对地基要求也不高，机床到位安装后就可接通电源，调整机床床身水平，随后就可通电试运行，进行检查验收。对大中型数控机床或加工中心，不仅需要调水平，为了机床工作稳定可靠，还需对一些部件进行精确的调整。

1. 机床几何精度的调整

1）在已经干固的地基上用地脚螺栓和垫铁精调机床主床身水平（图3-10），使其各轴在全行程上的平行度误差均在允许的范围内，同时要注意所有垫铁都应处于垫紧状态。在调整机床精度时，要精调机床床身的水平和机床几何精度，使之达到允许范围。

图3-10　调整地脚螺栓

小型机床床身为一体，刚度好，调整比较容易。大、中型机床床身大多是多点垫铁支承，为了不使床身产生额外的扭曲变形，要求在床身自由状态下调整水平，各支承垫铁全部起作用后，再压紧地脚螺栓。这样可保持床身精调后长期工作的稳定性，提高几何精度的保持性。一般机床出厂前都经过精度检验，只要质量稳定，用户按上述要求调整后，机床就能达到出厂前的精度。

2）调整机械手与主轴、刀库的相对位置。用 G28　Y0　Z0 或 G30　Y0　Z0 程序使机床自动运行到换刀位置，再用手动方式分步进行刀具交换动作，检查抓刀、装刀等动作是否准确。如有误差，可以调整机械手的行程或移动机械手支座或刀库位置等，必要时也可以改变换刀参考点坐标值的设定（参数设定）。调整好以后要拧紧各调整螺钉，再进行多次换刀动作。最好用几把接近允许最大重量的刀柄进行反复换刀试验，以达到动作准确无误、不撞击、不掉刀的要求。

3）调整托板与交换工作台面的相对位置。如果是双工作台或多工作台，必须认真调整工作台的托板与交换工作台面的相对位置，以保证工作台面自动交换时平稳可靠。调整时，工作台面上应装有 50% 以上的额定负载，然后进行工作台自动交换运行，调整后紧固各有关螺钉。

2. 机床功能调试

机床功能调试是对试车调整后的机床进行检查和调试机床各项功能的过程。调试前，应先检查机床的数控系统及可编程序控制器的设定参数是否与出厂设置参数一致；然后试验各主要操作功能、安全措施、运行行程及常用指令的执行情况等；最后检查机床辅助功能及附件的工作是否正常。对于带刀库的数控加工中心，还应调整机械手的位置。

3. 机床试运行

为了全面地检查机床功能及其工作可靠性，数控机床应在安装调试后在一定负载或空载下进行较长一段时间的自动运行试验。在整个运转过程中，不应发生任何故障，如排除故障时间超过了规定时间，则应重新调整后再次从头进行运行试验。

四、数控机床精度测试

机床精度分为安装调整精度、几何精度和工作精度。

1. 安装调整精度

安装调整精度是指机床因安装位置改变而产生的位置精度。中小型数控机床一般采用整体安装，出厂调整合格后在使用厂家安装过程中位置精度基本不受影响，只需调整机床床身水平。大中型设备或加工中心多采用分体现场组合安装，各相关部件之间的位置精度也因安装制造工艺不同而发生变化。安装调整精度包括各相关部件的位置精度。

位置精度表明所测量的机床各运动部件在数控装置控制下运动所能达到的精度。因此，根据实测的定位精度数值，可以判断出这台机床以后自动加工中能达到的最好的工件加工精度。数控机床的位置精度主要包括以下三项。

（1）定位精度　定位精度是指机床运行时，到达某一个位置的准确程度。该项精度应该是一个系统性的误差，可以通过各种方法进行调整。

（2）重复定位精度　重复定位精度是指机床在运行时，反复到达某一个位置的准确程度。该项精度对于数控机床是一项偶然性误差，不能够通过调整参数来进行调整。

（3）反向偏差　反向偏差是指机床在运行时，各轴在反向时产生的运行误差。

测量直线运动反向偏差的工具有测微仪和成组量块、标准长度刻线尺和光学读数显微镜及双频激光干涉仪（图3-11）等。标准长度测量以双频激光干涉仪为准。回转运动反向偏差的检测工具有360齿精确分度的标准转台或角度多面体、高精度圆光栅及平行光管等。

2. 几何精度

几何精度又称静态精度，它综合反映机床关键零部件经组装后的综合形状误差。几何精度变化的原因主要有机床制造误差，机床使用过程中的磨损、变形以及因机床搬运、拆卸、运输和安装引起的误差。数控机床几何精度的检测工具和检测方法类似于普通机床，但检测要求更高。

图3-11　双频激光干涉仪

几何精度检测必须在地基完全稳定、地脚螺栓处于压紧状态下进行。考虑到地基可能随时间而变化，一般要求机床使用半年后，再复校一次几何精度。在进行几何精度检测时，应注意测量方法及测量工具应用不当所引起的误差。在检测时，应按国家标准规定，即机床接通电源后，在预热状态下，机床各坐标轴往复运动几次，主轴按中等的转速运转十多分钟后进行检测。

常用的检测工具有精密水平仪、精密方箱、直角尺、平尺、平行光管、千分尺、测微仪及高精度主轴检验棒等，如图3-12所示。检测工具的精度必须比所测的几何精度高一个等级。常用的几何精度检测项目有以下几项。

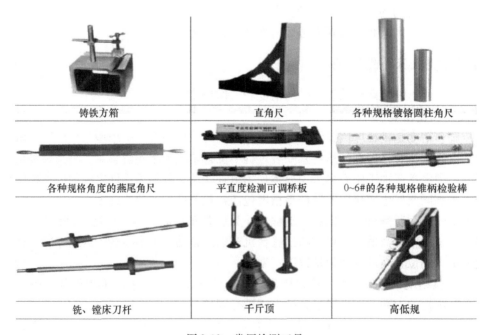

铸铁方箱	直角尺	各种规格镀铬圆柱角尺
各种规格角度的燕尾角尺	平直度检测可调桥板	0~6#的各种规格锥柄检验棒
铣、镗床刀杆	千斤顶	高低规

图3-12　常用检测工具

（1）直线度

1）检测一条线在一个平面或空间内的直线度误差，如检测数控卧式车床床身导轨的直线度误差，如图3-13所示。

2）检测部件的直线度误差，如检测数控升降台铣床工作台纵向基准T形槽的直线度误差。

3）检测运动的直线度误差，如检测立式加工中心X轴轴线运动的直线度误差。其测量方法有平尺和指示器法、钢丝和显微镜法、准直望远镜法和激光干涉仪法。

（2）平面度（如立式加工中心工作台面的平面度）　平面度误差的测量方法有平板法、平板和指示器法、平尺法、精密水平仪法和光学法。

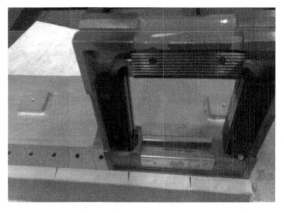

图3-13　用框式水平仪检测床身导轨的直线度误差

（3）平行度、等距度、重合度

1）检测线和面的平行度误差，如检测数控卧式车床顶尖轴线对主刀架溜板移动的平行度误差，如图3-14所示。

图3-14　用千分表和标准检验棒检测平行度误差

2）检测运动的平行度误差，如检测立式加工中心工作台面和X轴轴线间的平行度误差。

3）检测等距度误差，如检测立式加工中心定位孔与工作台回转轴线的等距度误差。

4）检测同轴度误差或重合度误差，如检测数控卧式车床工具孔轴线与主轴轴线的重合度误差。

本项精度的检测方法有平尺和指示器法、精密水平仪法、指示器和检验棒法。

（4）垂直度

1）检测直线和平面的垂直度误差，如检测立式加工中心主轴轴线对工作台的垂直度误差，如图3-15所示，其检测方法如下：

①将千分表置于主轴上，将主轴至于空档或者易于手动旋转的位置上。

②使千分表环绕主轴旋转，设置并确认千分表的触头相对于主轴中心的旋转半径为150mm。

③使千分表在工作台上旋转一周，记录下其前后左右的读数差值，这两组差值反映了主轴相对于工作台的垂直度误差。

2）检测运动的垂直度误差，如检测立式加工中心 Z 轴轴线和 X 轴轴线间的运动垂直度误差。

此项精度的检测方法有平尺和指示器法、角尺和指示器法、光学法（如自准直仪、光学角尺、放射器）。

（5）旋转

1）检测径向圆跳动误差，如检测数控卧式车床主轴轴端卡盘定位锥面的径向圆跳动误差，或检测主轴定位孔的径向圆跳动误差。

图 3-15　主轴中心相对于工作台的垂直度误差

2）检测周期性轴向窜动，如检测数控卧式车床主轴的周期性轴向窜动。

3）检测轴向圆跳动误差，如检测数控卧式车床主轴卡盘定位端面的轴向圆跳动误差。

此项精度的检测方法有指示器法、检验棒和指示器法、钢球和指示法。

如图 3-16 所示为检测主轴轴向圆跳动误差，其方法为：用千分表顶住主轴端面，旋转主轴，千分表会出现测量值的变动。这个变动的数值即为主轴轴向圆跳动误差。也可用千分表顶住标准检验棒的下端，旋转主轴，观察千分表指示值的变化。

3. 工作精度

工作精度是机床投入生产加工过程中反映出的精度，也称动态精度。它是在切削加工条件下，对机床几何精度和定位精度的一项综合考核。切削精度检测可分为单项加工精度检测和加工一个标准的综合性试件的精度检测。

下面以 CK6140 型数控车床为例，分析数控机床安装后的精度测试项目，见表 3-2。

必须进行测试的项目是因为长途运输、搬运、装卸、异地安装必定会引起变化或者比较容易引起变

图 3-16　检测主轴轴向圆跳动误差

化的项目。这些项目测试、调整至合格后，才能进行机电联调和切削加工测试，合格后投入生产。

原则上需要进行测试的项目，是在长途运输、搬运、装卸、异地安装过程中有可能引起变化并且影响工作精度的项目，如尾座松动会导致表 3-2 中 8、9 两项发生变化。

表 3-2　CK6140 型数控车床安装后的精度测试项目

序号	检 验 内 容		允许误差	实测误差
1	床身导轨调水平与直线度▽	纵向在垂直平面内的直线度误差	0.02mm 只允许中凸	
		水平度误差	≤0.04/1000	
2	中滑板导轨调水平与前、后导轨的平行度▽	前后导轨平行度误差	0.04/1000	
		水平度误差	0.03/1000	
3	溜板移动在水平面内的直线度误差▽		0.03mm	
4	主轴轴线对溜板纵向移动的平行度误差▽	侧素线	0.015/300	
		上素线	0.02/300	
5	两坐标反向间隙▽	X 坐标	0.015mm	
		Z 坐标	0.02mm	
6	X、Z 两坐标在任意 300mm、500mm 长度上的重复定位误差▽	X 坐标	0.01mm	
		Z 坐标	0.02mm	
7	尾座套筒中心线对溜板的平行度误差◆	侧素线	0.02mm	
		上素线	0.04mm	
8	尾座套筒与主轴中心连线对溜板的平行度误差◆	侧素线	0.02mm	
		上素线	0.03mm	
9	大丝杠的轴向窜动◆		0.015mm	
10	主轴端部径向圆跳动误差●		0.01mm	
11	主轴端面轴向窜动●		0.02mm	
12	主轴中心线的径向圆跳动误差●	离端部 300mm 处	0.02mm	
		端部	0.01mm	
13	主轴与尾座中心线之间的高度偏差●		0.04mm	
14	刀架横向移动对主轴中心线的垂直度误差●		0.02/300	
15	小刀架纵向移动对主轴中心线的平行度误差●		0.04/300	
16	试切零件☆		加工精度合格	

注：▽表示必须测试的项目；◆表示原则上需要测试的项目；●表示原则上不需要测试的项目；☆表示工作精度检测项目。

原则上不需要进行测试的项目，是在长途运输、搬运、装卸、异地安装过程中不大可能变化的项目，如主轴箱是整体部件，故表 3-2 中的 10、11、12 三项一般不会发生变化。

表 3-2 中标出"☆"号的项目表示工作精度检测项目。安装通电测试合格后，要进行零件加工并测试所加工零件的精度是否合格，如果不合格，需要再次测试标出"●"号的项目。

🔄 检查与评价

课堂教学完成后，掌握常用的精度检测方法及工具的使用方法，根据实践计划到实习车间完成数控机床精度检测与调试，填写本次学习任务评价表，见表 3-3。

表3-3　学习任务评价表

任务名称						
知识再现	数控机床调试	调试项目	调试作用		调试步骤	
实践活动		检测项目	检测工具	检测步骤	检测数据	是否调整
设备名称						

在学习中遇到什么问题，如何解决的

个人自评

小组互评

教师点评

相关知识

工作精度检测项目一般由厂家在说明书中提出，由用户根据加工需要选择合适的零件进行检测。

对于数控卧式车床，单项加工精度的检测项目有外圆车削、端面车削和螺纹切削。

1. 外圆车削

外圆车削试件材料为45钢，切削速度为 $100 \sim 150 \text{m/min}$，背吃刀量为 $0.1 \sim 0.15 \text{mm}$，进给量小于或等于 0.1mm/r，刀片材料为YW3涂层刀具。试件长度取床身上最大车削直径的 $1/2$，或最大车削长度的 $1/3$，最长为 500mm，直径大于或等于长度的 $1/4$。精车后圆度误差小于 0.007mm，直径的一致性在 200mm 测量长度上小于 0.03mm（机床加工直径小于或等于 800mm 时）。

2. 端面车削

精车端面的试件材料为灰铸铁，切削速度为 100m/min，背吃刀量为 $0.1 \sim 0.15 \text{mm}$，进给量小于或等于 0.1mm/r，刀片材料为YW3涂层刀具。试件外圆直径最小为最大加工直径的 1/2，精车后检验其平面度误差，300mm 直径上为 0.02mm，只允许凹。

3. 螺纹切削

精车螺纹的试件螺纹长度要大于或等于 2 倍的工件直径，但不得小于 75mm，一般取 80mm。螺纹直径接近 Z 轴丝杠的直径，螺距不超过 Z 轴丝杠螺距的一半，可以使用顶尖。精车 60°螺纹后，在任意 60mm 测量长度上螺距累计误差的允差为 0.02mm。

4. 综合试件切削

综合车削试件材料为 45 钢，有轴类和盘类零件，加工对象为阶台、圆锥、凸球、凹球、倒角及车槽等，检测项目有圆度、直径尺寸精度及长度尺寸精度等。

总结提高

1）数控机床调试主要有数控机床功能调试和几何精度调试、位置精度调试等项目。

2）数控机床的功能主要包含数控系统的功能，如法那科的某些功能是选择功能，需要根据协议进行测试；还有就是手动功能等，最后一般采用试加工的方法进行检测。

3）数控机床的位置精度调试主要由定位精度、重复定位精度、反向偏差三个项目的内容调试构成。

4）几何精度的调试包含工作台运动的真直度、各轴向间的垂直度、工作台与各运动方向的平行度、主轴锥孔面的偏摆、主轴中心与工作台面的垂直度等。

课题三　验收数控机床

课堂任务

1. 了解数控机床的验收流程及验收项目。

2. 了解验收的标准及相关注意事项。

实践提示

1. 根据掌握的机床验收知识，制订验收实践计划。

2. 模拟验收一套数控机床，并记录相关数据，形成文件。

实践准备

什么是验收？为什么要进行验收？验收工作有几个环节？需要注意哪些问题？验收的标准是什么？请认真思考上述问题，查阅有关资料，完成本次实践计划表。

知识学习

数控机床的全部检测验收工作是一项复杂的工作，对检测手段及技术要求也很高。它需要使用各种高精度仪器，对机床的机、电、液、气等及整机进行综合性能的检测，包括进行刚度和热变形等一系列机床试验，最后得出针对该机床的综合评价。目前，这项工作在国内还必须由国家指定的机床检测中心进行，以得出权威性的结论意见。因此，这一类验收工作只适合于新型机床样机和行业产品评比检验。

对一般的数控机床用户，其验收工作主要根据机床出厂检验合格证规定的验收条件测定机床合格证上的各项技术指标。如果各项数据都符合要求，用户应将此数据列入该设备进场的原始技术档案中，以作为日后维修时的技术依据。就验收过程而言，数控机床验收可以分为在制造厂商工厂的预验收和在设备采购方的最终验收两个环节。

一、在制造厂商工厂的预验收

预验收的目的是检查、验证机床能否满足用户的加工质量及生产率要求，检查供应商提供的资料、备件。其主要工作包括以下内容。

1）检验机床主要零部件是否按合同要求制造。

2）各机床参数是否达到合同要求。

3）检验机床几何精度及位置精度是否合格。

4）机床各动作是否正确。

5）对合同未要求的部分进行检验，如发现不满意处可向生产厂家提出，以便及时改进。

6）对试件进行加工，检查是否达到精度要求。

7）做好预验收记录，包括精度检验及要求改进之处，并由生产厂家签字。

如果预验收通过，则意味着用户同意该机床向用户厂家发运，当货物到达用户处后，用户将支付该设备的大部分金额。所以，预验收是非常重要的步骤，不可忽视。

二、在设备采购方的最终验收

最终验收工作主要根据机床出厂合格证上规定的验收标准及用户实际能提供的检测手段，测定机床合格证上的各项技术指标。其检测结果作为该机床的原始资料存入技术档案中，作为今后维修时的技术依据。

不管是预验收还是最终验收，根据 GB/T 9061—2006《金属切削机床 通用技术条件》中的规定，调试验收应该包括的内容如下：

1）外观质量。

2）附件和工具的检验。

3）参数的检验。

4）机床的空运转试验。

5）机床的负荷实验。

6）机床的精度检验。

7）机床的工作实验。

8）机床的寿命实验。

9）其他。

三、数控设备调试验收的常见标准

数控机床调试和验收应当遵循一定的规范进行，其验收的标准有很多，通常按性质可以分为两大类，即通用类标准和产品类标准。

1. 通用类标准

这类标准规定了数控机床调试验收的检验方法、测量工具的使用、相关公差的定义、机床设计、制造、验收的基本要求等。如国家标准 GB/T 17421.1—1998《机床检验通则　第1部分：在无负荷或精加工条件下机床的几何精度》、GB/T 17421.2—2000《机床检验通则　第2部分：数控轴线的定位精度和重复定位精度的确定》和 GB/T 17421.4—2003《机床检验通则　第4部分：数控机床的圆检验》，这些标准等同于 ISO 230 标准。

2. 产品类标准

这类标准规定具体型式的机床的几何精度和工作精度的检验方法，以及机床制造和调试验收的具体要求。如 JB/T 8801—1998《加工中心　技术条件》和 GB/T 18400.6—2001《加工中心　检验条件　第6部分：进给率、速度和插补精度检验》等。具体型式的机床应当参照合同约定和相关的标准进行具体的调试验收。

四、其他验收注意事项

1. 机床外观检查

机床外观要求一般可按照通用机床有关标准执行，但数控机床是价格昂贵的高技术设备，对外观的要求更高，对各级的防护罩、油漆质量、机床照明、切屑处理、电线和气、油管走线、固定防护等，都有进一步要求。

2. 数控柜的外观检查

在对数控机床进行详细的检查验收之前，还应对数控柜的外观进行检查验收，具体内容包括下述几个方面。

（1）外表检查　用肉眼检查数控柜中的 MDI/CRT 单元、位置显示单元、直流稳压单元、各印制电路板（包括伺服单元）等是否有破损、污染，连接电缆捆绑处是否有破损（图3-17）。如是屏蔽线，还应检查屏蔽层是否有剥落现象。

（2）数控柜内部紧固情况检查

1）螺钉紧固检查。检查输入变压器、伺服用电源变压器、输入电源、电源单元等有接线端子处的螺钉是否都已拧紧；凡是需要盖罩的接线端子座（该处电压较高），是否都有盖罩。

2）插接器紧固检查。检查数控柜内所有插接器、扁平电缆插座等是否都有紧固螺钉紧固，以保证它们连接牢固、接触良好。

图3-17　检查数控柜

3）印制电路板的紧固检查。在数控柜的结构布局方面，有的是笼式结构，一块块印制电路板都插在笼子里；有的是主从结构式，即一块大板（也称主板）上插了若干小板（附加选择板）。但无论哪种形式，都应检查固定印制电路板的紧固螺钉是否拧紧（包括大板和小板之间的联接螺钉），还应检查印制电路板上 EPROM 和 RAM 片等是否插入到位。

（3）伺服电动机的外表检查（图3-18）　特别是对带有脉冲编码器的伺服电动机的外壳应进行认真检查，尤其是后端盖处。如发现有磕碰现象，应将电动机后盖打开，取下脉冲编码器外壳，检查光码盘是否碎裂。

3. 机床性能及 NC 功能试验

数控机床性能试验一般有十几项内容，现以立式加工中心（数控车床与其类似，可参照执行）为例进行说明。

图 3-18　检查伺服电动机

（1）主轴系统性能

1）用手动方式选择高、中、低三个主轴转速，连续进行 5 次正转和反转的起动和停止动作，试验主轴动作的灵活性和可靠性。

2）输入数据，使主轴从最低一级转速开始运转，逐级提高到允许的最高转速，实测各级转速，允许值为设定值的 ±10%，同时观察机床的振动。主轴在长时间（一般为 2h）高速运转后，允许温升 15℃。

（2）进给系统性能

1）分别对各坐标轴进行手动操作，试验正、反方向的低、中、高速进给和快速移动的起动、停止、点动等动作的平稳性和可靠性。

2）用数据输入方式或 MDI 方式测定 G00 和 C01 下的各种进给速度，允差为 ±5%。

（3）自动换刀系统

1）检查自动换刀的可靠性和灵活性，包括手动操作及自动运行时刀库满负荷（装满各种刀柄）条件下的运动平稳性、机械手抓取最大允许质量刀柄的可靠性和刀库内刀号选择的准确性等。

2）测定自动交换刀具的时间。

（4）机床噪声　机床空运转时的总噪声不得超过标准规定（80dB）。数控机床由于大量采用电调速装置，主轴箱的齿轮往往不是最大噪声源，而主轴电动机的冷却风扇和液压系统各液压泵的噪声等可能成为最大噪声源。

（5）电气装置　在运转试验前后分别做一次绝缘检查，检查接地线的质量，确认绝缘的可靠性。

（6）数字控制装置　检查数控柜的各种指示灯、操作面板、电柜冷却风扇等的动作及功能是否正常可靠，电气柜密封性是否良好。

（7）安全装置 检查对操作者的安全性和机床保护功能的可靠性，如各种安全防护罩、机床各运动坐标行程极限保护自动停止功能，各种电源电压过载保护和主轴电动机过热、过负荷紧急停止功能等的可靠性。

（8）润滑装置 检查定时定量润滑装置的可靠性，检查润滑油路有无渗漏，到各润滑点的油量分配等功能的可靠性，如图 3-19 所示。

（9）气液装置 检查压缩空气和液压油路的密封、调试功能，检查液压油箱的正常工作情况。

（10）附属装置 检查机床各附属装置的工作可靠性，如切削液装置能否正常工作、排屑器能否正常工作、冷却防护罩有无泄漏、APC 交换工作台工作是否正常、配置接触器式测头的测量装置能否正常工作及有无相应测量程序等。

（11）数控功能 按照该机床配备数控系统的说明书，用手动或自动编程的检查方法，检查数控系统主要的使用功能，如定位、直线插补、圆弧插补、暂停、自动加减速、坐标选择、平面选择、刀具位置补偿、刀具半径补偿、拐角功能选择、固定循环、行程停止、选择停机、程序结束、切削液的开和关、单程序段、原点偏置、跳读程序段、程序暂停、进给速度超调、进给保持、紧急停止、程序号显示及检索、位置显示、镜像功能、螺距误差补偿、间隙补偿及用户宏程序等机能的准确性及可靠性。

图 3-19 检查润滑装置

（12）连续无负荷运转 作为综合检查整台机床自动实现各种功能可靠性的最好办法，是让机床长时间连续运行，如运行 8h、16h 和 24h 等，一般数控机床在出厂前都经过 80h 的自动连续运行，到用户验收时不一定再要求经过这么长时间的检验，但进行一次 8～16h 的自动连续运行还是必要的，这可以考核该机床是否已比较稳定（一般自动化机床 8h 连续运行不出故障表明可靠性已达到一定水平），这也是使机床用户对这台机床建立信心的最好办法。在连续运行中必须实现编制一个功能比较齐全的程序，应包括以下内容。

1）主轴要进行包括标准的最低、中间及最高转速在内的 5 种以上速度的正转、反转及停止等运行。

2）各坐标运动要包括标准的最低、中间和最高进给速度及快速移动，进给移动范围应接近全行程，快速移动距离应在各坐标轴全行程的 1/2 以上。

3）要尽量用到一般自动化加工所用的一些功能和代码。

4）自动换刀应至少交换刀库中 2/3 以上的刀号，而且都要装上重量在中等以上的刀柄进行实际交换。

5）必须使用特殊功能，如测量功能、APC 交换和用户宏程序等。

用以上这样的程序连续运行，检查机床各项运动、动作的平稳性和可靠性，并且要强调在规定时间内不允许出故障，否则要在修理后重新开始规定时间考核，不允许分段运行累积到规定的运行时间。

◎ 检查与评价

课堂学习完成后，掌握验收知识，根据实践计划到车间模拟验收数控机床，填写本次学习任务评价表，见表3-4。

表3-4 学习任务评价表

任务名称						
知识再现	数控机床验收	检验项目	检验要求		检验标准	
实践活动	型号	验收项目	验收步骤		验收数据	是否合格
设备名称						

在学习中遇到什么问题，如何解决的

个人自评

小组互评

教师点评

◎ 相关知识

卧式数控车床几何精度检验

斜床身、带转盘刀架的卧式数控车床的几何精度检验项目见表3-5。

表3-5 卧式数控车床的几何精度检验项目

序号	检验内容		允许误差	实测误差
1	往复台Z轴方向运动的直线度误差	Z轴方向 垂直平面内	0.05/1000	

（续）

序号	检　验　内　容		允许误差	实测误差
1	往复台 Z 轴方向运动的直线度误差	X 轴方向 垂直平面内	0.05/1000	
		X 轴方向 水平平面内	全长 0.01mm	
2	主轴轴向圆跳动误差		0.02mm	
3	主轴径向圆跳动误差		0.02mm	
4	主轴中心线与往复台 Z 轴方向运动的平面度误差	垂直方向	0.02/300	
		水平方向	0.02/300	
5	主轴中心线与 X 轴的垂直度误差		0.02/200	
6	主轴中心线与刀具中心线的偏离程度	垂直面内	0.05mm	
		水平面内	0.05mm	
7	床身导轨面平行度误差	山行外侧	0.02mm	
		山行内侧		
8	往复台 Z 轴方向运动与尾座中心线平行度误差	垂直平面内	0.02/100	
		水平平面内	0.01/100	
9	主轴与尾座中心线之间的高度偏差		0.03mm	
10	尾座回转径向圆跳动误差		0.02mm	

总结提高

1）验收包括制造厂内验收和用户方的最终验收，掌握验收内容，了解验收的标准和相关验收项目的注意事项。

2）能够按照合同要求的各项标准，以及通行的验收标准和检测手段进行机床的最终验收，以使机床能够满足用户的生产需要。

创新实践

请同学们到达实践地点，扫码进入，按照要求完成数控车床点检任务。车间实践之前需完成安全教育学习并测试通过。

安全教育测试

设备标识卡

XXX设备制造有限公司

设备名称：数控车床

设备编号：XXX

责任人：XXX

单元四
数控车床的维护保养

数控车床与普通车床一样，也是用来加工零件旋转表面的，一般能够自动完成外圆柱面、圆锥面、球面以及螺纹的加工，还能加工一些复杂的回转面，如双曲面等。

数控车床的外形与普通车床相似，但机械结构大为简化，增加了精密的控制系统，因此了解其内部各部件的功能、结构及维护方法，对更好地使用数控车床非常重要。

课题一　维护与保养数控车床的主轴系统

课堂任务

1. 了解数控车床主轴部分的主要结构。
2. 了解维护与保养数控车床主轴系统的方法。

实践提示

1. 熟悉数控车床主传动系统的结构。
2. 进行数控车床主轴系统的日常维护。

实践准备

数控车床主轴部件的作用是什么？其内部结构是怎样的？为什么要对数控车床的主轴部件进行维护保养？维护主轴部件最重要的工作是什么？完成这次任务需要哪些工具？请认真思考上述问题，查阅有关资料，完成本次实践计划表。

知识学习

一、主传动系统的定义、组成和作用

1. 主传动系统的定义

主传动是机床实现切削运动的基本运动，主运动系统即驱动主轴运动的系统。在切削过程中，主运动为切除工件上多余的金属提供所需的切削速度和动力，是切削过程中速度最高、消耗功率最多的运动。

主传动系统是由主轴电动机经一系列传动元件和主轴构成的具有运动、传动关系的系

统。数控机床的主传动系统包括主轴电动机、传动装置、主轴、主轴轴承和主轴定向装置。主轴指带动刀具和工件旋转，产生切削运动且消耗功率最大的运动轴。

2. 主传动系统的组成和作用（表 4-1）

表 4-1　主传动系统的组成和作用

主传动系统	组　　成	作　　用
动力源	电动机	传递动力：传递切削加工所需要的动力
运动控制装置	离合器、制动器等	运动控制：控制主运动速度的快慢、主运动的方向和启停
传动系统	定比传动机构、变速装置	传递运动：传递切削加工所需要的运动
执行件	主轴	

二、对主传动系统的基本要求

1. 驱动功率高

由于日益增长的对高效率要求，加之刀具材料和技术的进步，大多数 NC 机床均要求有足够高的功率来满足高速强力切削。一般 NC 机床的主轴驱动功率为 $3.7 \sim 250 \mathrm{kW}$。

2. 控制功能的多样化

1）同步控制功能：CNC 车床车螺纹用。

2）主轴准停功能：CNC 车床车螺纹用（主轴实现定向控制）。

3）恒线速切削功能：CNC 车床在进行端面加工时，为了保证端面的表面粗糙度要求，要求接触点处的线速度为恒值。

4）C 轴控制功能：车削中心。

3. 性能要求高

1）电动机过载能力强，要求有较长时间和较大倍数的过载能力。

2）在断续负荷下，电动机的转速波动要小。

3）速度响应要快，升、降速时间要短。

4）电动机温升低，振动和噪声小，精度要高。

5）可靠性高，寿命长，维护容易。

6）要具有抗振性和热稳定性。

7）体积小、质量轻，与机床连接容易。

三、主传动系统的变速方式

数控机床主传动主要有无级变速和分段无级变速两种变速传动方式。为满足宽变速范围要求，通常在无级变速电动机之后串联机械有级变速，以满足数控机床要求的调速范围和转矩特性，即分段无级变速传动方式。

主轴的传动类型主要有齿轮传动、带传动、两台电动机分别驱动主轴、调速电动机直接驱动主轴（内装电动机即电主轴）等几种方式，如图 4-1 所示。

1. 齿轮传动主轴

如图 4-2 所示，齿轮传动主轴常用于大中型数控机床。它采用无级变速交直流电动机，再通过几对齿轮传动，实现分段无级变速，使变速范围扩大。该方式转矩大、噪声大，一般用于较低速加工。

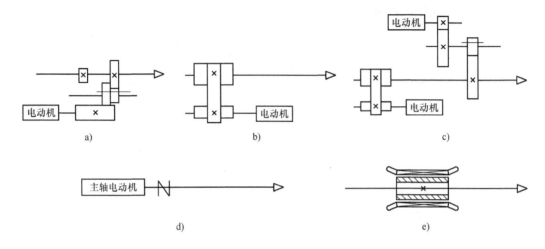

图 4-1　数控机床主轴的传动类型

a）齿轮传动　b）带传动　c）两个电动机分别驱动主轴　d）电动机通过联轴器连接主轴　e）内装电动机主轴

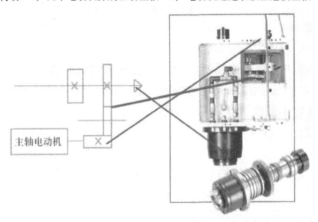

图 4-2　齿轮传动主轴

2. 带传动主轴

如图 4-3 所示为带传动主轴，常用于转速较高、变速范围不大的小型数控机床。它采用直流或交流主轴伺服电动机，通过一级带传动实现变速，不用齿轮变速，受电动机调速范围的限制，适用于高速低转矩特性要求的主轴。该方式主轴箱及主轴结构简单，主轴部件刚度好；传动效率高，传动平稳、噪声小；不需润滑。但由于其输出转矩小，低速性能不太好，在中档机床中应用较多。如图 4-4 所示为几种传动带的截面图。

3. 两台电动机分别驱动主轴

高速时，由一台电动机通过带传动驱动主轴；低

图 4-3　带传动主轴

速时，由另一台电动机通过齿轮传动驱动主轴，齿轮起到降速和扩大变速范围的作用，使恒功率区增大，扩大了变速范围，避免了低速时转矩不够且电动机功率不能充分利用的问题。

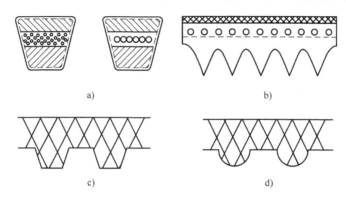

a)   b)

c)   d)

图 4-4 几种传动带的截面图

a）V 带　b）多楔带　c）梯形齿同步带　d）圆弧齿同步带

4. 主轴电动机直接驱动主轴

主轴电动机直接驱动主轴有两种方式：一种为主轴电动机输出轴通过精密联轴器与主轴连接，优点为结构紧凑，传动效率高，但主轴转速的变化及输出完全与电动机的输出特性一致，因而受一定限制；另一种为内装电动机主轴，即主轴与电动机转子合为一体，也称一体化主轴、电主轴，如图 4-5 所示。电主轴大大简化了主轴箱体与主轴的结构，有效地提高了主轴部件的刚度，结构紧凑，惯性小，可提高起动、停止的相应特性，但主轴输出的转矩小，电动机发热使主轴产生变形，对主轴的精度影响较大。该方式中能否处理好散热和润滑问题非常关键，一般应用于高速机床。

图 4-5 数控车床用电主轴

数控车床主传动部件是提供切削主动力的重要部分，对这些部位的保养与维护非常重要。如图 4-6 所示用手指按压主轴传动带，检测其张紧度，图 4-7 所示为给数控车床自定心卡盘装夹面刷润滑油。

图 4-6 检测主轴传送带张紧度

图 4-7 给主轴自定心卡盘刷润滑油

四、主轴部件

主轴部件是主运动的执行件，用夹持刀具或工件，并带动其旋转，主要由主轴、轴承、传动零件、装夹刀具或工件的附件及辅助零部件等组成。

主轴轴承是主轴部件的重要组成部分。它的类型、结构、配置、精度、安装、调整、润滑和冷却情况都直接影响主轴的工作性能。数控机床主轴轴承的支承形式、轴承材料、安装方式均不同于普通机床，其目的是保证足够的主轴精度。在数控机床上常用的主轴轴承有滚动轴承和静压滑动轴承。

目前数控机床主轴轴承有三种主要配置形式，如图 4-8 所示。

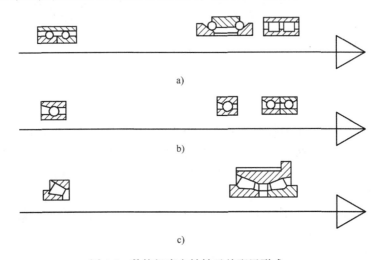

图 4-8　数控机床主轴轴承的配置形式
a）双列短圆柱滚子轴承和 60°角接触球轴承组合　b）前轴承采用高精度调心球轴承
c）单列和双列圆锥滚子轴承的组合

图 4-8a 所示为数控机床前支承采用双列短圆柱滚子轴承和 60°角接触双列向心推力球轴承，后支承采用成对向心推力球轴承。此种结构普遍应用于各种数控机床，其综合刚度高，可以满足强力切削要求。

图 4-8b 所示为前支承采用多个高精度向心推力球轴承，这种配置具有良好的高速性能，但承载能力较小，适用于高速轻载和精密数控机床。

图 4-8c 所示为前支承采用双列圆锥滚子轴承，后支承采用单列圆锥滚子轴承，其径向和轴向刚度很高，能承受重载荷。但这种结构限制了主轴最高转速，因此适用于中等精度的低速、重载数控机床。

五、主轴部件的维护

主轴部件是数控机床机械部分中的重要组成部分，其润滑、冷却与密封是机床使用和维护过程中值得重视的问题。

首先，良好的润滑效果可以降低轴承的工作温度，延长其使用寿命。为此，在操作使用中要注意：低速时，采用油脂、油液循环润滑；高速时采用油雾、油气润滑方式。对于油液循环润滑，在操作使用中要做到每天检查主轴润滑恒温油箱，看油量（图 4-9）是否充足。如果油量不够，应及时添加润滑油，同时要注意检查润滑油温度范围是否合适。每年更换一次润滑油，并清洗过滤器。

第二，主轴部件的冷却主要以减少轴承发热、有效控制热源为主。如图 4-10 所示为车床主轴安装了冷却风管。

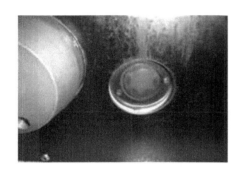

图 4-9　齿轮箱润滑油量

图 4-10　主轴冷却风管

第三，主轴部件的密封不仅要防止灰尘、屑末和切削液进入主轴部件，还要防止润滑油的泄漏。主轴部件的密封有接触式和非接触式。对于采用油毡圈和耐油橡胶密封圈的接触式密封，要注意检查其老化和破损；对于非接触式密封，为了防止泄漏，重要的是保证回油能够尽快排掉，同时要保证回油孔的通畅。

除此之外，还应注意以下几点。

1）熟悉数控机床主传动链的结构、性能和主轴调整法，严禁超性能使用。出现不正常现象时，应立即停机排除故障。

2）使用带传动的主轴系统，需定期调整传动带的松紧度，防止因传动带打滑造成的丢转现象。

3）对采用液压系统平衡主轴箱质量的结构，需定期观察液压系统的压力，油压低于要求值时，要及时调整。

检查与评价

课堂学习完成后，根据实践计划到实习车间分析数控车床主轴系统，找出要保养的部件名称，进行实际保养操作，填写本次学习任务评价表，见表 4-2。

表 4-2　学习任务评价表

任务名称			
知识再现	主传动系统的变速方式	主轴传动类型	主轴组件

（续）

实践活动			外观检查	润滑类型	冷却方式
机床型号	保养部位				

在学习中遇到什么问题，如何解决的

个人自评

小组互评

教师点评

 **相关知识**

主传动系统的齿轮变速装置

主传动系统的齿轮变速装置有两种：液压拨叉变速装置和电磁离合器变速装置。

在齿轮传动的主传动系统中，齿轮的换档主要靠液压拨叉来完成。液压拨叉换档在主轴停转之后才能进行，产生的顶齿现象可由增设一台微电动机解决，在拨叉移动齿轮的同时带动各传动齿轮低速回转，使移动齿轮与主动齿轮顺利啮合。

电磁离合器变速装置是利用电磁效应，通过接通或断开电磁离合器的运动部件实现变速的。电磁离合器用于数控机床的主传动时，能简化变速机构，实现主轴变速。啮合式电磁离合器能够传递更大的转矩。

 **总结提高**

1）数控车床的主传动系统大多用交流电动机，通过带传动和齿轮传动变换形式使主轴获得多种不同的传动速度。

2）主传动齿轮箱的润滑大多采用自动循环给油，要注意油液的高度和油温。传动带的张紧要适度。

课题二　维护与保养数控车床的进给系统

课堂任务

1. 认识数控车床的进给系统。

2. 了解维护与保养数控车床进给系统的方法。

实践提示

1. 了解数控车床进给系统的构成和各部分作用。
2. 进行数控车床进给系统的日常维护。

实践准备

数控车床进给系统的作用是什么？分别由哪些部分组成？数控车床的进给系统和普通车床的进给系统有什么区别？维护数控车床进给系统最重要的操作是什么？完成这次任务需要哪些工具？请认真思考上述问题，查阅有关资料，完成本次实践计划表。

知识学习

数控机床的进给系统是一种位置随动与定位系统，其作用是快速、准确地执行由数控系统发出的运动命令，精确地控制机床进给传动链的坐标运动。数控车床进给传动系统是用数字控制 X、Z 坐标轴的直接对象，工件最后的尺寸精度和轮廓精度都直接受进给运动的传动精度、灵敏度和稳定性的影响。

由于进给系统的性能在一定程度上决定了数控系统的性能，直接影响加工工件的精度并最终决定数控机床的档次，因此在数控技术发展的历程中，进给驱动系统的研制和发展总是放在首要的位置。

一、数控车床对进给系统的要求

1. 调速范围要宽

调速范围是指进给电动机提供的最低转速和最高转速之比。在各种数控机床中，由于加工用刀具、被加工材料、主轴转速以及零件加工工艺要求的不同，为保证在任何情况下都能得到最佳的切削条件，就要求进给驱动系统必须具有足够宽的无级调速范围（通常大于 1:10000）。尤其在低速（<0.1 r/min）时，仍能平滑运动而无爬行现象。

脉冲当量为 1μm/P 情况下，最先进的数控机床的进给速度为 $0\sim240$ m/min 连续可调。但对于一般的数控机床，要求进给驱动系统在 $0\sim24$ m/min 进给速度下工作就足够了。

2. 定位精度要高

使用数控机床主要是为了保证加工质量的稳定性、一致性，减少废品率；解决复杂曲面零件的加工问题；解决复杂零件的加工精度问题，缩短制造周期等。数控机床是按预定的程序自动进行加工的，避免了操作者的人为误差，但是它不可能处理事先没有预料到的情况。就是说，数控机床不能像普通机床那样，可随时用手动操作来调整和补偿各种因素对加工精度的影响。因此，要求进给驱动系统具有较好的静态特性和较高的刚度，从而达到较高的定位精度，以保证机床具有较小的定位误差与重复定位误差（目前进给伺服系统的分辨率可达 1μm 或 0.1μm，甚至 0.01μm）；同时进给驱动系统还要具有较好的动态性能，以保证机床具有较高的轮廓跟随精度。

3. 快速响应，无超调

为了提高生产率和保证加工质量，除了要求数控机床有较高的定位精度外，还要求有良好的快速响应特性，即要求跟踪指令信号的响应要快。一方面，在启动和制动时，要求加、减速度足够大，以缩短进给系统过渡过程的时间，减小轮廓过渡误差。一般电动机的速度从零变到最高转速，或从最高转速降至零的时间在 200ms 以内，甚至小于几十毫秒，这就要求进给系统要快速响应，但又不能超调，否则将形成过切，影响加工质量；另一方面，当负载突变时，要求速度的恢复时间也要短，且不能有振荡，这样才能得到光滑的加工表面。这要求进给电动机必须具有较小的转动惯量和大的制动转矩，尽可能小的机电时间常数和起动电压，电动机具有 $4000 \text{m}/\text{s}^2$ 以上的加速度。

4. 低速大转矩，过载能力强

数控机床要求进给驱动系统有非常宽的调速范围，例如在加工曲线和曲面时，至拐角位置某轴的速度会逐渐降至零。这就要求进给驱动系统在低速时保持恒力矩输出，无爬行现象，并且长时间内具有较强的过载能力和频繁的起动、反转、制动能力。一般伺服驱动器具有数分钟甚至 0.5h 内 1.5 倍以上的过载能力，在短时间内可以过载 4 ~ 6 倍而不损坏。

5. 可靠性高

数控机床，特别是自动生产线上的设备，要求具有长时间连续稳定工作的能力，而且数控机床的维护、维修工作也较复杂，因此要求数控机床的进给驱动系统可靠性高、工作稳定性好，具有较强的温度、湿度、振动等环境适应能力，具有很强的抗干扰能力。

二、进给驱动系统的基本形式

进给驱动系统分为开环和闭环控制两种控制方式。根据控制方式不同，把进给驱动系统分为步进驱动系统和进给伺服驱动系统。开环控制与闭环控制的主要区别为是否采用了位置和速度检测反馈元件组成了反馈系统。

闭环控制一般采用伺服电动机作为驱动元件，根据位置检测元件在数控机床中不同的位置，可以分为半闭环、全闭环和混合闭环三种形式。

为使全功能型数控车床进给传动系统具有高精度、快速响应和低速大转矩，一般采用交、直流伺服进给驱动装置，通过滚珠丝杠螺母副带动刀架移动。刀架的快速移动和进给移动为同一条传动路线。

1. 开环数控系统

无位置反馈装置的控制方式称为开环控制，采用开环控制作为进给驱动系统，则称开环数控系统。它一般使用步进驱动系统（包括电液脉冲马达）作为伺服执行元件，所以也称步进驱动系统。如图 4-11 所示为一种步进电动机。

在开环控制系统中，数控装置输出的脉冲，经过步进驱动器的环形分配器或脉冲分配软件的处理，在驱动电路中进行功率放大后控制步进电动机，最终控制步进电动机的角位移。步进电动机再经过减速装置（一般为同步带，或直接连接）带动丝杠旋转，通过丝杠将角位移转换为移动部件的直线位移。因此，控制步进电动机的转角与转速，就可以间接控制移动部

图 4-11　步进电动机

件的移动，俗称位移量。

采用开环控制系统的数控机床结构简单，制造成本较低，但是由于系统对移动部件的实际位移量不进行检测，因此无法通过反馈自动进行误差检测和校正。另外，步进电动机的步距角误差、齿轮与丝杠等部件的传动误差，最终都将影响被加工零件的精度。特别是在负载转矩超过输出转矩时，将导致"丢步"，使加工出错。因此，开环控制仅适用于加工精度要求不高，负载较轻且变化不大的简易、经济型数控机床上。

2. 半闭环数控系统

半闭环位置检测方式一般将位置检测元件安装在电动机的轴上（通常已由电动机生产厂家安装好），用以精确控制电动机的角度，然后通过滚珠丝杠等传动机构，将角度转换成工作台的直线位移。如果滚珠丝杠的精度足够高，间隙小，精度要求一般可以得到满足，而且传动链上有规律的误差（如间隙及螺距误差）可以由数控装置加以补偿，因而可进一步提高精度。因此在精度要求适中的中、小型数控机床上，半闭环控制得到了广泛的应用。如图 4-12 所示为一种交流伺服电动机。

半闭环控制方式的优点是闭环环路短（不包括传动机械），因而系统容易达到较高的位置增益，不发生振荡现象。其快速性也好，动态精度高，传动机构的非线性因素对系统的影响小。但如果传动机构的误差过大或误差不稳定，则数控系统难以补偿。如由传动机构的扭曲变形所引起的弹性变形，因其与负载力矩有关，故无法补偿；由制造与安装所引起的重复定位误差，以及由于环境温度与丝杠温度的变化所引起的丝杠螺距误差也

图 4-12　交流伺服电动机

不能补偿。因此要进一步提高精度，只有采用全闭环控制方式。

3. 全闭环数控系统

全闭环控制方式直接从机床的移动部件上获取位置的实际移动值，因此其检测精度不受机械传动精度的影响，但不能认为全闭环控制方式可以降低对传动机构的要求。因闭环环路包括了机械传动机构，其闭环动态特性不仅与传动部件的刚度和惯性有关，而且还取决于阻尼、油的黏度、滑动面摩擦因数等因素。这些因素对动态特性的影响在不同条件下还会发生变化，这给位置闭环控制的调整和稳定带来了困难，导致调整闭环环路时必须要降低位置增益，从而对跟随误差与轮廓加工误差产生了不利影响。所以，采用全闭环控制方式时必须增大机床的刚度，改善滑动面的摩擦特性，减小传动间隙，这样才有可能提高位置增益。

全闭环方式广泛应用在精度要求较高的大型数控机床上。由于全闭环控制系统的工作特点，其对机械结构以及传动系统的要求比半闭环更高，传动系统的刚度、间隙、导轨的爬行等各种非线性因素将直接影响系统的稳定性，严重时甚至产生振荡。

解决以上问题的最佳途径是采用直线电动机作为驱动系统的执行元件。采用直线电动机驱动，可以完全取消传动系统中将旋转运动变为直线运动的环节，大大简化机械传动系统的结构，实现了所谓的"零传动"。它从根本上消除了传动环节对精度、刚度、快速性和稳定性的影响，可以获得比传统进给驱动系统更高的定位精度、快进速度和加速度。

4. 混合式闭环控制

混合式闭环控制方式采用半闭环控制与全闭环控制结合的方式。它利用半闭环控制所能

达到的高位置增益，从而获得了较高的速度与良好的动态特性；又利用全闭环控制补偿半闭环控制无法修正的传动误差，从而提高了系统的精度。混合式闭环控制方式适用于重型、超重型数控机床，因为这些机床的移动部件很重，设计时提高刚度较困难。

三、数控车床进给系统的维护

1. 滚珠丝杠螺母副的维护

滚珠丝杠传动有传动效率高、传动精度高、运动平稳、寿命长以及可预紧消隙等优点，在数控车床上使用广泛。滚珠丝杠螺母副的日常维护保养包括以下几个方面。

1) 定期检查滚珠丝杠螺母副的轴向间隙：一般情况下可以用控制系统自动补偿来消除间隙；当间隙过大时，可以通过调整滚珠丝杠螺母副来保证。数控车床滚珠丝杠螺母副多数采用双螺母结构，可以通过双螺母预紧消除间隙，如图4-13所示。

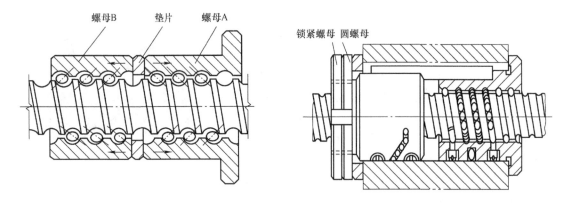

图4-13　双螺母预紧

2) 定期检查丝杠防护罩，以防止尘埃和磨粒粘结在丝杠表面，影响丝杠的使用寿命和精度。发现丝杠防护罩破损应及时进行维修和更换。

3) 定期检查滚珠丝杠螺母副的润滑。滚珠丝杠螺母副润滑剂可以分为润滑脂和润滑油两种。润滑脂每半年更换一次，更换时清洗丝杠上的旧润滑脂，涂上新的润滑脂。使用润滑油润滑的滚轴丝杠螺母副，可在每次机床工作前加油一次。

4) 定期检查支承轴承。应定期检查丝杠支承轴承与机床连接是否有松动，以及支承轴承是否损坏等，发现情况及时处理。

5) 定期检查伺服电动机与滚珠丝杠之间的连接，必须保证伺服电动机与滚珠丝杠之间的连接无间隙。

2. 导轨副的维护

导轨副是数控车床的重要执行部件，常见的有滑动导轨和滚动导轨。导轨副的维护一般不定期，主要包括以下内容。

1) 检查各轴导轨上镶条和压紧滚轮，保证导轨面之间有合理的间隙；根据机床说明书调整松紧状态。间隙调整方法有压板调整间隙、镶条调整间隙和压板镶条调整间隙等。

2) 注意导轨副的润滑。导轨面上进行润滑后，可以减少摩擦，降低磨损，并且可以防止导轨生锈。根据导轨润滑状况及时调整导轨润滑油量，可保证润滑油压力，保证导轨润滑良好。如图 4-14 所示为对数控车床导轨表面进行润滑保养，即将十字拖板移动到尾座一侧，用油枪向导轨上均匀喷油，并用刷子刷匀。

图 4-14　导轨副的润滑

3）经常检查导轨防护罩，以防止切屑、磨粒或切削液散落在导轨面上引起磨损、擦伤和锈蚀。发现防护罩破损，应及时进行维修和更换。

3. 机床进给伺服电动机的维护与保养

对于数控车床的伺服电动机，要在 10～12 个月进行一次维护保养，加速或者减速变化频繁的机床要在两个月进行一次维护保养。维护保养的主要内容：用干燥的压缩空气吹除电刷的粉尘，检查电刷的磨损情况，如需更换，需选用规格相同的电刷，更换后要空载运行一定时间，使其与换向器表面吻合；检查清扫电枢换向器，以防止短路；如装有测速电动机和脉冲编码器时，也要进行检查和清扫。

数控车床中的直流伺服电动机应至少每年检查一次，一般应在数控系统断电、并且电动机已完全冷却的情况下进行检查。其具体内容如下：取下橡胶刷帽，用螺钉旋具拧下刷盖取出电刷；测量电刷长度，如 FANUC 直流伺服电动机的电刷由 10mm 磨损到小于 5mm 时，必须更换同一型号的电刷；仔细检查电刷的弧形接触面是否有深沟和裂痕，以及电刷弹簧上是否有打火痕迹，如有上述现象，则要考虑电动机的工作条件是否过分恶劣或电动机本身是否有问题；用不含金属粉末及水分的压缩空气导入装电刷的刷孔，吹净粘在刷孔壁上的电刷粉末，如果难以吹净，可用螺钉旋具轻轻清理，直至孔壁全部干净为止，但要注意不要碰到换向器表面新装上的电刷，再拧紧刷盖。如果更换了新电刷，应使电动机空运行一段时间，以使电刷表面和换向器表面相吻合。

4. 机床检测元件的维护与保养

检测元件采用编码器、光栅尺的较多，也有的使用感应同步尺、磁尺和旋转变压器等。维修电工应每周检查一次检测元件的连接是否松动，是否被油液或灰尘污染。

检查与评价

课堂学习完成后，根据实践计划到实习车间分析数控车床进给系统，找出要保养的部件名称，进行实际保养操作，填写本次学习任务评价表，见表 4-3。

表4-3 学习任务评价表

任务名称				
数控车床型号				
外观检查				
润滑部位	润滑目的		时间间隔	
防护部位	防护目的		防护手段	

在学习中遇到什么问题，如何解决的

个人自评
小组互评
教师点评

相关知识

比较不同的数控车床，指出它们的丝杠和导轨的润滑和防护是怎么做的，了解常用的润滑油牌号。表4-4为数控车床进给系统维护内容。

表4-4 数控车床进给系统维护内容

序号	检查周期	检查部位	检 查 要 求
1	每天	导轨润滑油箱	检查油标、油量，及时添加润滑油，润滑泵能定时起动打油及停止
2	每天	X、Y、Z轴向导轨面	清除切屑及脏物，检查润滑油是否充分，导轨面有无划伤和损坏
3	每天	压缩空气气源压力	检查气动控制系统压力是否在正常范围内
4	每天	气源自动分水滤气器、自动空气干燥器	及时清理分水器中滤出来的水分，保证自动空气干燥器自动工作正常
5	每天	气液转换器和增压器液面	发现液面不够及时补足
6	每天	主轴润滑恒温油箱	工作正常，油量正常并调节温度范围
7	每天	机床液压系统	油箱、液压泵无异常噪声，压力表指示正常，管路及各接头无泄漏，工作液面高度正常

（续）

序号	检查周期	检查部位	检 查 要 求
8	每天	液压平衡系统	平衡压力指示正常，快速移动时平衡阀工作正常
9	每天	CNC 的输入、输出单元	光电阅读机清洁，机械结构润滑良好
10	每天	各种电气柜散热通风装置	各电气柜冷却风扇工作正常，风道过滤网无堵塞
11	每天	各种防护装置	导轨、机床防护罩等应无松动、漏水
12	每半年	滚珠丝杠	清洗丝杠上旧的润滑脂，涂上新润滑脂
13	每半年	液压油路	清洗溢流阀、减压阀、滤油器，清洗油箱底，更换或过滤液压油
14	每半年	主轴润滑恒温油箱	清洗过滤器，更换润滑脂
15	每天	检查并更换直流伺服电动机电刷	检查换向器表面，吹净炭粉，去除毛刺，更换长度过短的电刷，并应磨合后才能使用
16	每天	润滑液压泵，滤油器清洗	清洗润滑油池底，更换滤油器
17	不定期	检查各轴导轨上镶条和压紧滚轮的松紧状态	按机床说明书调整
18	不定期	切削液箱	检查液压表的高度，切削液太脏时要更换，清理切削液箱底部，经常清洗过滤器
19	不定期	排屑器	经常清理切屑，检查有无卡住等
20	不定期	油池	清理废油池，及时取走池中废油
21	不定期	调整主轴驱动带松紧	按机床说明书调整

总结提高

1）数控车床的进给系统是保证正常加工的主要部件，对保证加工零件的精度有至关重要的作用，所以在维护保养方面要特别重视。

2）要对进给系统进行彻底的了解，才能做到完美的维护。

3）维护时一定要严格按照数控车床的要求进行正确维护。

课题三　维护与保养数控车床的刀架

课堂任务

1. 学习数控车床刀架的相关知识。

2. 了解常见数控车床刀架的维护方法。

实践提示

1. 了解数控车床刀架的构成和各部分作用。

2. 进行数控车床刀架的日常维护。

✿ 实践准备

数控车床的刀架可分为哪几类？各有什么优缺点？为什么要对刀架进行维护保养？维护刀架最重要的环节是什么？完成这次任务需要哪些工具？请认真思考上述问题，查阅有关资料，完成本次实践计划表。

✿ 知识学习

数控车床的刀架是机床的重要组成部分，是用于夹持切削刀具的。电动刀架是数控车床重要的传统结构，由于该类刀架采用全电动控制，无需另加其他动力源，故为简化机床控制系统带来了好处。

数控机床须配备易于控制的电动刀架，以便一次装夹所需各种刀具，灵活、方便地完成各种几何形状零件的加工任务。合理地选配电动刀架，可以缩短生产准备时间，消除人为误差，提高加工精度，保证加工精度的一致性，加工工艺适应性和连续工作的能力也明显提高。

一、刀架的布局和基本结构

1. 刀架的布局

随着数控车床的不断发展，刀架结构形式不断创新，总体来说大致可以分为两大类，即排刀式刀架和转塔式刀架，有的车削中心还采用带刀库的自动换刀装置。

（1）排刀式刀架　一般用于小型数控车床，各种刀具排列并夹持在可移动的滑板上，换刀时可实现自动定位。

（2）转塔式刀架　也称刀塔或刀台，有立式转塔刀架（图 4-15）和卧式转塔刀架（图 4-16）两种结构形式。转塔式刀架具有多刀位自动定位装置，通过转塔头的旋转、分度和定位来实现机床的自动换刀动作。有的转塔式刀架不仅可以实现自动定位，还可以传递动力。

图 4-15　立式转塔刀架

图 4-16　卧式转塔刀架

转塔式刀架应分度准确、定位可靠、重复定位精度高、转位速度快、夹紧性好，以保证数控车床的高精度和高效率。目前，两坐标联动车床多采用 12 工位的转塔式刀架，也有采用 6 工位、8 工位、10 工位转塔式刀架的。转塔式刀架在机床上的布局有两种形式：一种是用于加工盘类零件的转塔式刀架，其回转轴垂直于主轴；另一种是用于加工轴类和盘类零件的转塔式刀架，其回转轴平行于主轴。

四坐标控制数控车床的床身上安装有两个独立的滑板和转塔式刀架，故称为双刀架四坐标数控车床。其中每个刀架的切削进给量是分别控制的，因此两刀架可以同时切削同一工件的不同部位，既扩大了加工范围，又提高了加工效率。四坐标数控车床结构复杂，且需要配置专门的数控系统，实现对两个独立刀架的控制，适合加工曲轴、飞机零件等形状复杂、生产批量较大的零件。

2. 刀架的基本结构

数控刀架作为数控车床的动作执行部件，其基本结构如下：

（1）驱动装置 主要有电动机、液压马达、齿轮和齿条。

（2）分度装置 通过机械液压传动结构实现刀架到所需工位间的转动。主要分为间歇分度机构和连续分度机构。快速换刀一般选用双向旋转的连续分度机构。

（3）预定位装置 刀架到达所需的工位后，停止分度运动，以便于齿盘正确啮合。伺服电动机驱动刀架利用伺服电动机编码器作为预定位。

（4）松开和制动装置 用于齿盘副的松开和制动。为了完成快速制动和得到大的制动力，松开和制动装置一般选用液压和机械等结构。

（5）精定位装置 刀具在切削时需要很高的刚度和定位精度，因此刀架都选用齿盘副作为精度定位元件。

（6）发信装置 包括工位信号（编码器）和动作控制信号。

（7）装刀装置 包括刀盘、刀夹及夹刀装置。目前刀盘有两种模式：VDI 刀盘和槽刀盘。VDI 刀盘采用德国标准，俗称欧式刀盘。德国标准 VDI 刀盘刀夹采用 DIN69880 和 DIN69881 标准。

（8）数控刀架换刀动作 系统发出指令—齿盘松开—刀架旋转分度—到达目标工位并发信号给系统—预定位—齿盘锁紧精定位—系统确认后进行工件切削。

为满足不同工件的加工要求，数控刀架分为 4、6、8、10、12 工位，形式为立式和卧式。

3. 刀架发信盘的工作原理

电动刀架发信盘是固定在刀架内部中心固定轴上，由尼龙材料作为封装的圆盘部件。发信盘的内部根据刀架工位数设有四个或六个霍尔元件，并与固定在刀架上的磁钢共同作用来检测刀具的位置，如图 4-17 所示为四工位刀架发信盘。

1）发信盘的内部结构和工作原理。四工位发信盘共有六个接线端子，两个端子为直流电源端，其余四个端子按顺序分别接四个刀位所对应的霍尔元件的控制端，根据霍尔传感器的输出信号来识别和感知刀具的位置状态。

2）霍尔元件的结构和检测。刀架发信盘内部核心元件是霍尔元件（hall-effectdevices），是由电压调整器、霍尔电压发生器、差分放大器、史密特触发器和集电极开路的输出级集成的磁敏传感电路，其输入为磁感应强度，输出是一个数字电压信号。

图 4-17 四工位刀架发信盘

检测霍尔元件时，将元件的a、b引脚分别接到直流稳压电源（可选20V）的正、负极，将指针式万用表调到电阻档（×10），用其黑表笔接c引脚、红表笔接b引脚，此时万用表的指针没有明显偏转。当用磁铁贴近霍尔元件标志面时，指针有明显的偏转（若无偏转可将磁铁调换一面再试），磁铁离开指针又恢复原来位置，表明该元件完好。否则，该元件已坏。霍尔元件外形参见图4-18。

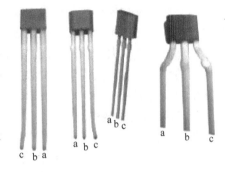

图4-18 霍尔元件外形图
a—电源正端 b—接地端 c—输出端

4. 拆卸刀架的注意事项

每次拆卸刀架后重新安装时最好在顶盖与上刀体的接触面上涂抹密封胶，可以防止水渗进刀体内部。打开刀架顶部端盖可以看到，刀架中心轴的内部有很多不同颜色的线，这些线有的是没有接上的，在拆装刀架时千万要保护好这些空着的线，因为这些线是备用线，如果哪根在用线坏了或断了，可以用它们代替，而且这些线的另一端也都是与机床电气柜里的接口接好的，如果弄坏，那以后遇到情况就麻烦了。

二、刀架的分类和结构

刀架按回转轴线分类，有绕水平轴旋转分度和绕垂直轴旋转分度两大类；按装刀数分类，常见的有四工位电动刀架和六工位电动刀架等；按机械定位方式分类，常见的有端齿盘定位电动刀架、三齿盘定位电动刀架和斜板圆销转位电动刀架等。

三齿盘定位电动刀架（又称为免抬刀架）可实现上刀体不抬起而顺利地转位换刀的要求，消除了切削液、加工屑对刀架转位的影响，较为可靠地解决了刀架的密封问题。斜板圆销转位电动刀架结构简单、工作可靠。

刀架有以下几种典型结构。

图4-19 排刀式刀架

1. 排刀式刀架（图4-19）

排刀式刀架一般用于小规格数控车床，以加工棒类零件为主的机床较为常见，其结构形式为夹持着各种不同用途刀具的刀夹沿着机床X坐标轴方向排列在横向滑板或一种称为快换台的板上。这种刀架的特点之一是刀具布置和机床调整都较方便，可以根据具体工件的车削工艺要求，任意组合各种不同用途的刀具，在一把刀完成车削任务后，横向滑板只要按程序沿X轴轴向移动预先设定的距离后，

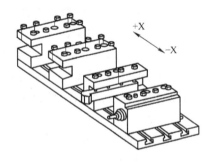

图4-20 排刀式刀架的换刀动作

第二把刀就到达加工位置，这样就完成了机床的换刀动作（图4-20）。这种换刀方式迅速、省时，有利于提高机床的生产率。

2. 数控车床方刀架

经济型数控车床方刀架是在普通车床四方刀架的基础上发展起来的一种自动换刀装置，其功能和普通四方刀架一样，也有四个刀位，能装夹四把不同的刀具，方刀架回转90°时，刀具变换一个刀位，但方刀架的回转和刀位号的选择是由加工程序指令控制的。换刀时方刀架的动作顺序是：刀架抬起→刀架转位→刀架定位→刀架夹紧。上述动作由相应的机构来控制实现。

数控车床方刀架的结构如图4-21所示，其换刀过程如下：

当自动转位刀架转位时，微电动机通过齿轮、蜗轮蜗杆带动丝杠转动，使丝杠螺母连同方刀架一起上升，使端面齿盘脱离啮合。当螺母上升到一定高度时，与丝杠一起旋转的拨块便通过碰销拨动方刀架转位，方刀架转过一定角度后，粗定位销插入斜面槽，粗定位开关发信号使其停转，控制系统将该位置的编码与所需刀具编码加以比较，如两者相同，则选定此位，控制系统控制电动机反转。由于斜面销的棘轮作用，方刀架只能下降而不能转动，使端面齿盘啮合。当方刀架下降到底后，电动机仍继续回转，使方刀架被压紧。当压紧力到达预定值时，压力开关发出停机信号，整个过程结束。

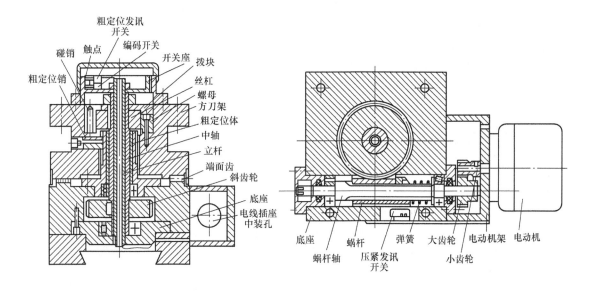

图4-21　数控车床方刀架结构图

3. 回转刀架

回转刀架按其工作原理可分为机械螺母升降转位、十字槽转位、电磁式及液压式等多种工作方式。其换刀的过程一般均为刀架抬起、刀架转位、刀架压紧并定位等几个步骤。回转刀架必须具有良好的强度和刚度，以承受粗加工的切削力，同时要保证回转刀架在每次转位时的重复定位精度（一般为0.001～0.005mm）。

（1）转塔回转刀架　转塔回转刀架适用于盘类零件的加工。在加工轴类零件时，可以换用四方回转刀架。由于两者底部的安装尺寸相同，更换刀架十分方便。回转刀架动作根据数控指令进行，由液压系统通过电磁换向阀进行控制，其动作分为如下四个步骤：①刀架抬起；②刀架转位；③刀架压紧；④转位液压缸复位。如果定位、压紧动作正常，刀架会发出信号，表示已完成换刀过程，可进行切削加工。

（2）盘形自动回转刀架　盘形自动回转刀架根据刀位又可分为 A 型、B 型和 C 型，其中 A 型和 B 型刀架可配置 12 把刀具，C 型可配置 8 把刀具。A、B 型回转刀架的外切刀可使用 25mm×150mm 的标准刀具和刀杆截面为 25mm×25mm 的可调工具，C 型回转刀架可用尺寸为 20mm×20mm×125mm 的标准刀具，镗刀杆直径最大为 32mm。该刀架更换和对刀十分方便，刀位选择由刷形选择器进行，松开、夹紧位置检测由微动开关控制，整个刀架控制是一个纯电气系统，结构简单。

4. 车削中心的动力刀架（图 4-22）

车削中心动力刀架的刀盘上可以安装各种非动力辅助刀夹（车刀夹、镗刀夹、弹簧刀夹、莫氏刀柄），夹持刀具进行加工，还可安装动力刀夹进行主动切削，配合主机完成车、铣、钻、镗等各种复杂工序，实现加工程序自动化、高效化。该刀架采用端齿盘作为分度定位元件，刀架转位由三相异步电动机驱动，电动机内部带有制动机构，刀位由二进制绝对编码器识别，并可双向转位和任意刀位就近选刀。动力刀具由交流伺服电动机驱动，通过同步

图 4-22　动力刀架

带、传动轴、传动齿轮、端面齿离合器将动力传递到动力刀夹，再通过刀夹内部的齿轮传动使刀具回转，实现主动切削。

三、刀架使用注意事项

1）刀架电动机采用三相 380V 特殊刀架电动机，刀架连续运行时，1min 内换刀次数不得超过 6 次，否则会烧坏电动机。

2）刀架反转锁紧时间控制。反转锁紧时间设置得过长会使电动机因温度过高而损坏，反转锁紧时间设置得过短会使刀架不能充分锁紧。在每台刀架的合格证上都注有该刀架的准确锁紧时间（一般为 0.5~1.2s）。

3）注意按照使用保养手册正确操作，做好定期检查以及外露部位的清洁。

如图 4-23 所示为对数控车床回转式刀架的维护保养，即把刀架上的切屑清理干净，用油枪向刀架上均匀地喷油，并用刷子把油刷匀。

检查与评价

课堂学习完成后，根据实践计划以及实施情况，填写本次学习任务评价表，见表 4-5。

图 4-23　数控车床回转式
刀架的维护保养

表4-5　学习任务评价表

任务名称						
知识再现	刀架结构	分　类			特　点	

实践活动	容量	类型	选刀方式	优点
刀架型号				

在学习中遇到什么问题，如何解决的

个人自评

小组互评

教师点评

 **相关知识**

四工位电动刀架的常见故障及维修

1. 故障一：电动刀架锁不紧

可能原因及处理方法如下：

1）发信盘位置没对正：拆开刀架的顶盖，旋动并调整发信盘位置，使刀架的霍尔元件对准磁钢，使刀位停在准确位置。

2）系统反锁时间不够长：调整系统反锁时间参数（新刀架反锁时间 $t=1.2s$）。

3）机械锁紧机构故障：拆开刀架，调整机械，并检查定位销是否折断。

2. 故障二：电动刀架某一位刀号转不停，其余刀位可以转动

可能原因及处理方法如下：

1）此位刀的霍尔元件损坏：确认是哪个刀位使刀架转不停，在系统上输入指令转动该

刀位，用万用表测量该刀位信号触点对 24V 触点是否有电压变化，若无变化，可判定为该位刀霍尔元件损坏，更换发信盘或霍尔元件。

2）此刀位信号线断路，造成系统无法检测刀位信号：检查该刀位信号与系统的连线是否存在断路，正确连接即可。

3）数控系统的刀位信号接收电路有问题：在确定该刀位霍尔元件没问题，该刀位信号与系统的连线也没问题的情况下，更换主板。

总结提高

1）刀架可按结构分为排刀式刀架、方刀架、回转刀架和动力刀架。

2）数控车床的电动刀架使用频繁，极易发生故障，所以要定期进行检查和维护。

3）刀架的维护要点是注意按照使用保养手册正确操作、做好定期检查以及外露部位的清洁工作。

创新实践

请同学们到达实践地点，扫码进入，按照要求完成机床设备维保。车间实践之前需完成安全教育学习并测试通过。

单元五
数控铣床和加工中心的维护保养

加工中心是在数控铣床的基础上发展起来的，在结构上与数控铣床有许多相似之处，但是加工中心的控制和结构更加复杂，其中的进给传动和控制系统是数控机床区别于普通机床的根本所在，其精度、灵敏度和稳定性直接影响了数控铣床的定位精度和轮廓加工精度，因此对这些部位的保养维护也格外重要。

通过本单元的学习，能初步掌握数控铣床和加工中心主轴传动系统、进给系统和刀库的维护保养方法。

课题一　维护数控铣床和加工中心的主轴系统

课堂任务

1. 了解数控铣床和加工中心主轴的主要结构。
2. 能初步维护数控铣床和加工中心的主轴。

实践提示

1. 利用数控仿真软件练习拆装数控铣床和加工中心主轴系统部件。
2. 进行数控铣床和加工中心主轴系统的日常维护。

实践准备

数控铣床和加工中心主轴部件的作用是什么？其内部结构是怎样的？为什么要对数控铣床和加工中心的主轴部件进行维护保养？数控铣床的主轴部件和数控车床的主轴部件有什么区别？维护主轴部件最重要的操作是什么？完成这次实践需要哪些工具？请认真思考上述问题，查阅有关资料，完成本次实践计划表。

知识学习

主轴部件是数控铣床上的重要部件之一，它带动刀具旋转完成切削工作，其精度、抗振性和热变形对加工质量有直接的影响。

一、主轴的结构及保养

如图 5-1 所示,数控铣床和加工中心的主轴为空轴结构,其前端带有锥孔,与刀柄相配合;在其内部和后端安装有刀具自动夹紧机构,用于刀具的装夹。主轴在结构上要保证良好的冷却和润滑,尤其是在高转速场合,通常采用如图 5-2 所示的循环式主轴润滑系统。

常用主轴有带传动和变速箱组成的主轴单元和电主轴两种。电主轴是将电动机直接安装在主轴内,由电动机连接主轴直接带动刀具运动。

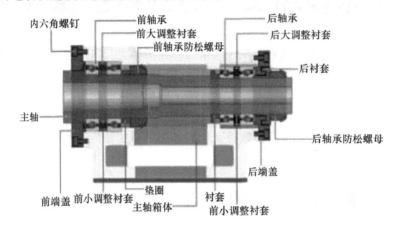

图 5-1　数控铣床和加工中心主轴结构

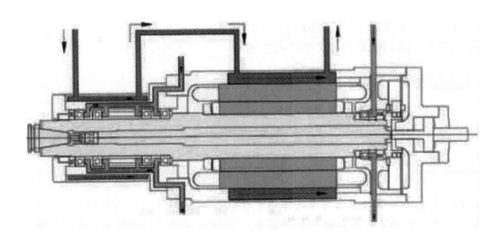

图 5-2　循环式主轴润滑系统

电主轴往往设有温控系统,且主轴外表面有槽结构,以确保散热,如图 5-3 所示。

二、刀具自动夹紧机构

在带有刀库的自动换刀数控机床中,为实现刀具在主轴上的自动装卸,其主轴必须设计有刀具的自动夹紧机构。在数控铣床上多采用气压或液压机构装夹刀具,常见的刀具自动夹紧机构主要由拉杆、拉杆端部的夹头、蝶形弹簧、活塞和气缸等组成,气缸由空气压缩机供

图 5-3 电主轴

气,如图 5-4 所示。夹紧刀具时,蝶形弹簧通过拉杆及夹头拉住刀柄的尾部,使刀具锥柄和主轴锥孔紧密配合;松刀时,通过活塞推动拉杆,压缩蝶形弹簧,使夹头松开,夹头与刀柄上的拉钉脱离,即可拔出刀具,进行新、旧刀具的交换;新刀装入后,活塞后移,新刀具又被蝶形弹簧拉紧。

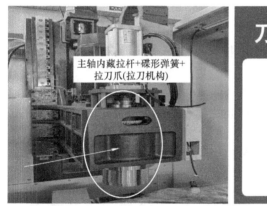

主轴内藏拉杆+碟形弹簧+
拉刀爪(拉刀机构)

刀具夹紧机构

图 5-4 刀具夹紧机构

需注意的是,不同的机床,其刀具自动夹紧机构的结构不同,与之适应的刀柄及拉钉规格也不同。

三、主轴准停装置

加工中心为了完成 ATC(刀具自动交换)的动作过程,必须设置主轴准停机构。由于刀具装在主轴上,切削时不可能仅靠锥孔的摩擦力来传递切削转矩,因此在主轴前端设置一个突键,如图 5-5 所示。

当刀具装入主轴时,刀柄上的键槽必须与突键对准,才能顺利换刀。

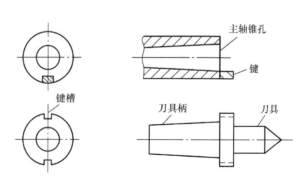

主轴锥孔

键

键槽

刀具柄

刀具

图 5-5 主轴准停装置

为此,主轴必须准确停在某固定的角度上。由此可知,主轴准停是实现 ATC 过程的重要环节。

四、自动切屑清除装置

自动清除主轴孔内的灰尘和切屑是换刀过程中一个不容忽视的问题。如果主轴锥孔中落入了切屑、灰尘或其他污物，在拉紧刀杆时，锥孔表面和刀杆的锥柄就会被划伤，甚至会使刀杆发生偏斜，破坏刀杆的正确定位，影响零件的加工精度，甚至会使零件超差报废。为了保持主轴锥孔的清洁，常采用的方法是使用压缩空气经主轴内部通道吹屑，清洁主轴孔。

五、维护数控铣床和加工中心的主轴系统

1. 主轴锥孔的清洁

主轴锥孔与刀具柄部靠锥度的接触保证刀具与主轴中心的同轴度。如果主轴锥孔不干净，将会造成主轴与刀具中心偏斜，影响加工工件的精度。所以，保持主轴锥孔的清洁至关重要。安装刀具前要用压缩空气清洁主轴锥孔，并用锥孔刷或无尘纸把主轴锥孔里的污物清理干净。

2. 定期清理主轴部件

为了保证主轴电动机的正常运行，使其在使用时减少发热，保持良好的通风，建议每个季度清洗一次主轴风扇上的污物。

3. 停用加工中心前的保养

对于长期不用的加工中心，一定要先刷油，防止主轴等主要部件生锈；对于停用的加工中心，还要把主轴封存起来。

图 5-6 所示为加工中心主轴部件的清洗，图 5-7 所示为给主轴轴承添加润滑脂。

图 5-6　主轴部件的清洗

图 5-7　给主轴轴承添加润滑脂

检查与评价

课堂学习完成后，根据实践计划到实习车间分析数控铣床和加工中心主轴系统，找出要保养的部件的名称，进行实际保养操作，填写本次学习任务评价表，见表 5-1。

表 5-1　学习任务评价表

任务名称					
外观检查	油箱油量				
	气压				
清洁部位	主轴锥孔	清洁目的		时间间隔	
	电动机风扇				
保养部位		保养目的		保养手段	

在学习中遇到什么问题，如何解决的

个人自评

小组互评

教师点评

相关知识

加工中心的重要功能之一就是主轴的定向准停，以实现自动控制或精密加工的对刀、让刀。主轴准停方式可分为机械式和电气式两种。

1. 机械式准停装置

机械式准停装置工作时主轴先进行粗定位，然后把一个液压或气动的定位销插入主轴上的销孔或销槽实现精确定位，完成换刀后定位销退出，主轴才开始旋转。机械式准停装置属传动定位方法，只能进行单角度准停，且其结构复杂，在早期的数控机床上使用较多，而现代数控机床采用电气式定位较多。

2. 电气式准停装置

（1）磁性传感器检测定位　在主轴上安装一个发磁体与主轴一起旋转，在距离发磁体旋转外轨迹 1～2mm 处固定一个磁传感器，它经过放大器并与主轴控制单元相连。当主轴需要定向时，便可停止在调整好的位置上。

（2）主轴编码器检测定位　这种方法是通过主轴电动机内置安装的位置编码器或在机床主轴箱上安装一个与主轴 1:1 同步旋转的位置编码器来实现准停控制的，准停角度可任意设定。

（3）数控系统控制主轴定位　主轴准停角度可由数控系统内部设置成任意值，准停由数控代码 M19 执行。

🌀 总结提高

1）数控铣床和加工中心的主轴传动大多选用交流电动机通过传动带和齿轮传动来变速，也可选用电主轴直接变频调速。

2）主轴结构复杂，精度要求高，需要做好清洁工作，保证刀具与主轴的同轴度要求。

3）不同的数控机床，主轴系统的结构与维护方法各不相同，所以要认真分析，了解主轴的结构，严格按照要求进行维护保养。

课题二　维护数控铣床和加工中心的进给系统

🌀 课堂任务

1. 认识数控铣床和加工中心的进给系统。
2. 能初步维护数控铣床和加工中心的进给系统。

🌀 实践提示

1. 利用仿真软件拆装数控铣床和加工中心进给系统部件。
2. 进行数控铣床和加工中心进给系统的日常维护。

🌀 实践准备

数控铣床和加工中心进给系统的作用是什么？分别由哪些部分组成？为什么要对数控铣床和加工中心的进给系统进行维护保养？数控铣床的进给系统和数控车床的进给系统有什么区别？加工中心和数控铣床的进给系统一样吗？维护进给系统最重要的工作是什么？完成这次任务需要哪些工具？请认真思考上述问题，查阅有关资料，完成本次实践计划表。

🌀 知识学习

进给系统是数控装置和机床的联系环节，主要作用是把数控装置发出的控制信息转换成坐标轴的运动。图 5-8 所示为正在安装的进给传动机构。由于进给系统能实现数控系统对机床工作台速度和位移的控制，直接决定着数控机床的精度，一般要求其具有高传动刚度、低摩擦因数、低惯量、无传动间隙。

数控铣床和加工中心的进给系统主要由驱动装置、位置检测装置、机械传动机构和执行部件等组成，如图 5-9 所示。

图 5-8　安装中的进给传动机构

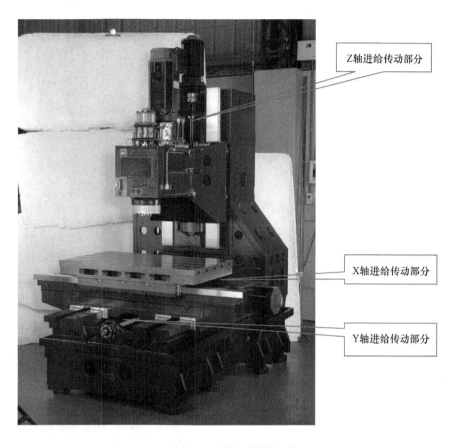

图5-9　进给系统的组成

一、驱动装置

驱动装置的作用是接受数控系统发出的脉冲指令，将其放大后驱动电动机工作。驱动装置由驱动器和电动机组成。根据驱动装置使用的电动机不同，可以将其分为步进电动机驱动、交流伺服电动机驱动、直线电动机驱动等方式，比较常用的是交流伺服电动机驱动和步进电动机驱动。

步进电动机驱动器（图5-10）无位置反馈，精度和负载能力较差，一般用于经济型数控机床。交流伺服电动机驱动器（图5-11）有位置反馈，技术成熟，为最常使用的进给驱动装置，是进给驱动的发展方向。直线电动机精度高，进给速度快，但价格昂贵，维护要求高，仅在高速机床上使用。

二、位置检测装置

检测装置是数控机床闭环伺服系统的重要组成部分，其作用是检测位移、角位移和速度的实际值，把反馈信号传送回数控装置或伺服装置，构成闭环控制。闭环数控系统的加工精度主要由检测环节的精度决定，常用的检测装置有编码器（图5-12）、旋转变压器、光栅（图5-13）、直线感应同步器、磁尺和激光干涉仪等。

图 5-10 步进电动机驱动器

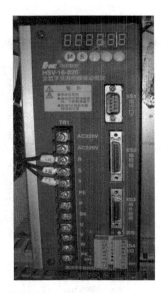

图 5-11 交流伺服电动机驱动器

图 5-12 编码器

图 5-13 光栅

交流伺服控制系统中，位置检测装置一般用于检测伺服电动机的转速和相角位置，称为闭环或半闭环检测装置。

三、机械传动机构

机械传动机构的作用是把电动机产生的旋转运动变为进给轴的直线运动，主要包含齿轮、同步带、联轴器、滚珠丝杠螺母副和导轨等。目前数控铣床和加工中心对进给系统的要求集中在精度、稳定和快速响应三个方面，为满足这种要求，首先需要高性能的伺服驱动电动机，同时也需要高质量的机械结构与之匹配。

电动机与滚珠丝杠的连接方式有齿轮传动、同步带传动和联轴器直连三种。

1. 齿轮传动

齿轮传动通过齿轮传动方式减速。由于其结构复杂，且有间隙，已经很少在加工中心的进给传动系统中使用。

2. 同步带传动

数控机床进给系统最常用的是同步带传动（图 5-14）。同步带的工作面有梯形齿和圆弧齿两种，其中梯形齿同步带最为常用。同步带传动综合了带传动和链传动的优点，传动准确平稳，吸振性好，噪声小；缺点是对中心距要求高，带和带轮制造工艺复杂，安装要求高。

同步带传动的主要失效形式是同步带疲劳断裂、带齿剪切和压溃以及同步带两侧和带齿的磨损，因而同步带传动校核主要是限制单位齿宽的拉力，必要时还需校对工作齿面的压力。

3. 联轴器直连

在这三种连接方式中，伺服电动机通过联轴器（图 5-15）与丝杠直连的进给系统机械结构最为简单。采用这种结构时，编码器往往安装在伺服电动机轴上，成为一个整体单元，安装和调试均比较方便。

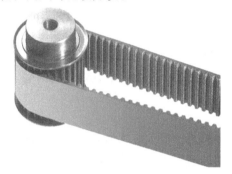

图 5-14　同步带传动

图 5-15　联轴器

联轴器分为无键弹性环联轴器和套筒式联轴器，弹性环联轴器的优点为定心精度高、承载能力高、没有应力集中源、装拆方便，又有密封和保护作用，是目前在数控机床进给系统中常用的联轴器。

4. 滚珠丝杠螺母传动

滚珠丝杠螺母是一种将电动机回转运动转换成进给轴直线运动的传动装置。当丝杠螺母相对运动时，滚珠在内、外圆弧螺旋槽式的滚道内滚动，为保持丝杠螺母连续工作，滚珠通过螺母上的返回装置完成循环。按照滚珠的循环方式，滚珠丝杠螺母副分成内循环方式和外循环方式两大类。内循环方式是指在循环过程中滚珠始终保持和丝杠接触。这种方式结构紧凑，但要求制造精度较高。外循环方式是指在循环过程中滚珠与丝杠脱离接触，制造相对容易些。如图 5-16a 所示为滚珠丝杠螺母副的结构原理图，图 5-16b 所示为滚珠丝杠螺母机构的外形。

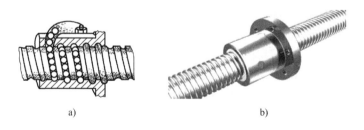

a)　　　　　　　　　　　　　　　　b)

图 5-16　滚珠丝杠螺母传动装置

滚珠丝杠螺母副结构的主要特点是在丝杠和螺母的圆弧螺旋槽之间装有滚珠作为传动元

件，因而摩擦因数小，传动效率可达90%～95%，动、静摩擦因数相差小，在施加预紧力后，轴向刚度好，传动平稳，无间隙，不易产生爬行，随动精度和定位精度都较高，是目前数控机床进给系统最常用的机械结构之一。

滚珠丝杠副可通过润滑来提高耐磨性及传动效率。润滑剂有润滑油及润滑脂两大类。润滑油可用机油、汽轮机油或锭子油，润滑脂可采用锂基润滑脂。润滑脂加在螺纹滚道和安装螺母的壳体空间内，而润滑油通过壳体上的油孔注入螺母空间内。滚珠丝杠上的润滑脂每半年更换一次，更换时清洗丝杠上的旧润滑脂，涂上新的润滑脂。用润滑油润滑的滚珠丝杠副，可在每次机床工作前加油一次。

一般加工中心均配有集中润滑装置，只要避免磨料微粒及化学活性物质进入，就可以认为这些元件几乎是在不产生磨损的情况下工作的。但如果滚道上落入脏物，或使用肮脏的润滑油，不仅会妨碍滚珠的正常运转，而且会使其磨损急剧增加。因此，如果滚珠丝杠副处于外露位置，则应采用封闭的防护罩，如采用螺旋弹簧钢带套管、伸缩套管以及折叠式套管等。如果滚珠丝杆副处于隐蔽的位置，则可采用密封圈防护，密封圈装在螺母的两端。工作中应避免碰击防护装置，防护装置一有损坏应及时更换。

5. 导轨

导轨能约束执行部件的运动，保证其正确的运动轨迹，对伺服进给系统的工作性能有重要影响。根据用途不同，导轨可分为直线型导轨和回转型导轨。数控机床伺服进给系统的导轨主要是直线型的，回转型导轨应用在加工中心的回转工作台上，其工作原理和特点与直线型导轨是相同的。目前加工中心上常用的是滑动导轨，也称为硬轨（图5-17）；滚动导轨通常为直线导轨，因此也称为线轨（图5-18）。

图5-17　滑动导轨

图5-18　直线导轨

硬轨的负载能力强，但不能进行高速运动；线轨的工作摩擦力小，但负载能力相对硬轨较弱，所以加工中心上一般采用"两线一硬"的配置，也就是在承受切削力较大的Z轴采用硬轨，X、Y轴采用线轨。也有三轴均采用硬轨或者线轨的，具体情况需要根据机床的大小和性能来设计。

四、执行部件

执行部件即移动部件，常见的数控铣床和加工中心多为工作台移动。工作台的作用是定位、夹紧工件并带动运动载体。工作台上有三条或更多条T形槽，以固定平口钳或直接安装工件。平时应保持工作台清洁、平整，并注意防锈。如图 5-19 所示为 T 形工作台。

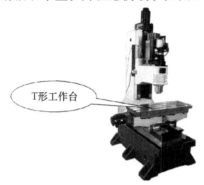

T形工作台

图 5-19　T 形工作台

检查与评价

课堂学习完成后，根据实践计划到实习车间分析数控铣床和加工中心进给系统，找出要保养的部件名称，进行实际保养操作，填写本次学习任务评价表，见表 5-2。

表 5-2　学习任务评价表

任务名称					
加工中心型号					
外观检查					
润滑部位		润滑目的		时间间隔	
防护部位		防护目的		防护手段	

在学习中遇到什么问题，如何解决的

个人自评

小组互评

教师点评

相关知识

数控机床的进给系统必须保证由计算机发出的控制指令转换成速度符合要求的相应角位移或直线位移，带动运动部件运动。根据工件的加工需要，在机床上各运动坐标的数字控制可以是相互独立的，也可以是联动的。总的说来，数控机床对进给系统的要求集中在精度、稳定和快速响应三个方面。为满足这些要求，首先需要高性能的伺服驱动电动机，同时也需要高质量的机械结构与之匹配。

高质量的机械传动配合与高性能的伺服电动机使现代数控机床进给系统性能有了大幅度提高，随着控制系统分辨率从 0.001mm 提高到 0.0001mm，普通精度级数控机床的定位精度目前已从 0.012/300 提高到 ±（0.005~0.008）/300，精密级的定位精度已从 0.005/全行程提高到 ±（0.0015~0.003）/全行程，重复定位精度也已提高到 0.001mm。

由于在提高传动精度和刚度、消除间隙等方面的努力，使数控机床进给传动系统的快速响应能力，即伺服系统的响应能力和机械传动装置的加速能力方面已有了大幅度提高，过渡过程时间已能控制在 200ms 以下，正在向提高到几十毫秒发展。随着快速响应能力和系统稳定性的提高，进给速度已能达到 24m/min（分辨率为 0.1μm），快速进给速度已能达到 100m/min（分辨率为 0.1μm）。

总结提高

1）铣床和加工中心的进给系统是保证正常加工的主要结构部件，在保证加工零件精度时起至关重要的作用，所以要定期对其进行检查和维护。

2）正确认识铣床和加工中心进给系统传动部分的结构，严格按照保养要求进行正确的维护。

3）进给传动装置以应用交流伺服电动机为多，在拆装时要避免轴向敲击，以防破坏检测元件，造成机床进给方向的尺寸误差。

课题三　维护加工中心的刀库

课堂任务

1. 认识刀库的主要结构。
2. 能初步维护加工中心的刀库。

实践提示

1. 到车间观察不同加工中心的刀库。
2. 了解常见加工中心刀库的维护方法，并根据实习车间设备状况选择适合的维护项目进行实践。

实践准备

　　加工中心刀库的作用是什么？可分为哪几类？各有什么优缺点？为什么要对刀库进行维护保养？斗笠式刀库和盘式刀库的换刀时间有什么不同？维护刀库最重要的是什么工作？完成这次实践任务需要哪些工具？请认真思考上述问题，查阅有关资料，完成本次实践计划表。

知识学习

　　加工中心的自动换刀系统节省了手动换刀时间，提高了加工效率。刀库是实现加工中心机床刀具储备及主轴刀具自动交换功能的重要部件，其储备能力（刀库容量、刀柄型号、刀具尺寸、质量、选刀速度）和换刀性能（换刀速度、动态性能、换刀可能性）等是影响主机水平及性能的重要参数。

图 5-20　使用链式刀库的加工中心

　　刀库按结构不同分为斗笠式刀库（DL）、圆盘刀库（YP）、链式刀库（LS）和货架式刀库（HJ）等；按换刀方式不同分为机械手换刀和主轴直接取刀。目前加工中心最常用的是带机械手的盘式刀库和无机械手的盘式刀库，除此之外还有钻削中心的转盘刀库和卧式加工中心上常用的链式刀库。图 5-20 所示为使用链式刀库的加工中心。

一、带机械手的盘式刀库

　　带机械手的盘式刀库俗称圆盘刀库或机械手刀库（图 5-21），安装在加工中心立柱的一侧，由圆形刀盘的刀套安装刀柄，受刀盘大小和转动惯量的限制，刀具数量一般在 30 把以下。

　　盘式刀库交换刀具时，按指令要求将需要更换的刀具转动到盘式刀库的最下方，并转换成垂直位置，靠机械手完成拔刀、换刀、装刀和复位的动作。其刀盘旋转分度时间不占用换刀时间，有较高的换刀速度，且结构简单，因而使用广泛。

　　图 5-22 所示为钻削中心的转盘式换刀机构。

二、无机械手的盘式刀库

　　无机械手的盘式刀库俗称斗笠式刀库（图 5-23）。其结构简单、价格低廉，主要用于立式主轴的换刀，刀柄在刀盘上直立安放，刀夹固定刀柄的锥柄部分，没有刀套。

　　斗笠式刀库换刀时，刀库水平移动（或主轴移动），当刀具中心与主轴中心同一条线上时，主轴上下移动，实现拔刀和插刀，选刀动作占用换刀时间，故斗笠式刀库换刀时间长。

图 5-21　盘式刀库

图 5-22　转盘式换刀机构

三、链式刀库

大型的加工中心经常采用链式刀库。如图 5-24 所示，链式刀库用链节将刀套连接到一起，链环按矩形或折返式分布储存刀具，其结构紧凑，刀库容量大。一般链式刀库有 40 ~ 120 把刀。

图 5-23　斗笠式刀库

图 5-24　链式刀库

链式刀库换刀时，由链条将要换的刀具传到指定位置，再由机械手将刀具装到主轴上，其换刀机构位置不变，刀套固定或移动，实现换刀。

四、货架式刀库

货架式刀库容量更大，适用于刀具中心。货架式刀库换刀时，由桁架式机械手实现换刀站上刀具于货架中心存放，再由换刀机械手实现换刀站、刀具与主轴中心刀具的交换。

五、加工中心刀库的维护

数控加工中心刀库及换刀机械手的结构较复杂，且在工作中又频繁运动，所以故障率较高，目前机床上有 50% 以上的故障都与之有关，如刀库运动故障、定位误差过大、机械手夹持刀柄不稳定、机械手动作误差过大等。这些故障最后都会造成换刀动作卡位，使整机停止工作。因此，刀库及换刀机械手的维护工作十分重要，其维护要点如下：

1）注意保持刀具刀柄和刀套的清洁。

2）经常检查刀库的回零位置是否正确，检查机床主轴回换刀点的位置是否正确，发现问题要及时调整。

3）开机时，应先使刀库和机械手空运行，检查各部分工作是否正常，特别是行程开关和电磁阀能否正常动作，检查机械手液压系统的压力是否正常，刀具在机械手上的锁紧是否可靠，发现问题及时处理。

检查与评价

课堂学习完成后，根据实践计划到实习车间比较分析不同数控加工中心刀架，填写本次学习任务评价表见表5-3。

表5-3　学习任务评价表

任务名称					
知识再现	刀库结构	分　类		特　点	
实践活动		容量	类型	选刀方式	优点
刀库型号					

在学习中遇到什么问题，如何解决的

个人自评

小组互评

教师点评

相关知识

刀库的选择

进行刀库常规选择时，应关注两点：一是价格，二是使用场合。

以40#刀库20把刀为例，盘式刀库价格约为3.5万元人民币，机械手刀库为6.5万元人民币；但机械手刀库可靠性比盘式刀库高，圆盘式刀库的维护保养简单、方便。故一般单件小批量生产用盘式刀库为好，大批量生产则可选用机械手刀库。

有特殊要求时选择刀库，可关注以下几点。

1）盘式刀库的刀柄在刀库内放置时7:24的锥面是敞开无保护的，时间久了或车间环境恶劣时，锥面易脏，从而影响刀具的重复安装精度。而机械手刀库的刀套包容全部锥面，不易脏，特别对保证精镗刀镗孔精度的稳定性有好处。

2）机械手刀库对刀具重量要求严格，一旦超重，刀具会从机械手中甩出去，易出危险，刀具长度也必须在要求的范围内，而且机械手旋转时所占的空间比较大，编程者需计算换刀时是否会碰到夹具等。

3）使用盘式刀库时，刀具应在圆盘周围均匀放置，尽量使其重心在圆盘中心，以延长刀库的使用寿命。其刀柄以40#和30#承重效果最好，超过50#尺寸的刀柄，最好选用机械手刀库。

4）机械手刀库在使用大直径刀具（大于相邻刀位的最大直径）时，处理起来比较麻烦：要么每把刀具平均分布，要么通过PLC专门辟出几个刀套位作为"特区"。

总结提高

1）加工中心的刀库是加工中心区别于其他机床的重要部件，也是发生故障最多的位置，所以要定期进行检查维护。

2）刀库可按结构分为无机械手换刀装置的斗笠式刀库和有机械手换刀装置的盘式刀库、链式刀库和货架式刀库。

3）加工中心刀库的维护要点是注意按照使用保养手册正确进行操作，做好定期检查以及外露部位的清洁。

创新实践

请同学们到达实践地点，扫码进入，按照要求完成机床设备维修与保养。车间实践之前需完成安全教育学习并测试通过。

单元六
数控特种机床的维护

伴随科技的进步，将电、磁、声、光、化学等能量或其组合施加在工件的被加工部位上，从而实现材料被去除、变形、改变性能或被镀覆等的非传统加工方法被广泛应用。人们在广义上给这些新的制造技术下了定义，统称为特种加工。

应用数控技术的特种加工机床也被广泛使用，它们是机械制造业发展创新的重要补充。然而，由于特种加工机床结构复杂，涉及知识面较宽，对使用和维护保养的要求比普通机床要多、难度要大，因此对操作人员的要求更高。

通过本单元的学习，能初步掌握数控电火花加工机床、数控激光切割机等常见数控特种机床的维护保养方法。

课题一　维护数控电火花加工机床

课堂任务

1. 认识并能简单维护数控电火花成形机床。
2. 认识并能简单维护数控电火花线切割机床。

实践提示

1. 参观车间内的电火花加工机床，了解其结构和分类。
2. 通过观察对比了解数控电火花加工机床的维护保养方法和注意事项，根据实习车间设备情况，选择可操作的维护项目进行操作练习。

实践准备

什么是数控电火花加工机床？数控电火花加工机床和传统机床相比有哪些优点？电火花加工机床有哪几类？数控电火花加工机床的维护保养主要有哪些内容？请认真思考上述问题，查阅有关资料，完成本次实践计划表。

知识学习

电火花加工是利用工具电极与工件电极之间脉冲性的火花放电，产生瞬时高温将金属蚀除的方法，又称放电加工、电蚀加工、电脉冲加工。电火花加工主要用于加工各种高硬度的材料制成的工件（如硬质合金和淬火钢等制成的工件，见图6-1），复杂形状的模具、零件，以及切割、开槽（图6-2）和去除折断在工件孔内的工具（如钻头和丝锥）等。

图6-1　高硬度材料制成的工件

图6-2　微细高精度开槽加工

电火花加工机床通常分为电火花成形机床、电火花线切割机床和电火花磨削机床，以及各种专门用途的电火花加工机床，如加工小孔的电火花穿孔机（图6-3）、加工螺纹环规和异形孔纺丝板等的电火花加工机床。

图6-3　电火花穿孔机加工小孔

一、数控电火花成形加工机床

电火花成形机床是电火花加工机床的主要品种，根据机床结构分为龙门式、滑枕式、悬臂式、框形立柱式和台式电火花成形机床（图6-4），还可根据加工精度分为普通、精密和高精度电火花成形机床。

1. 使用注意事项

1）机床操作员必须是经过正规培训的人员，机床操作人员使用机床时，一定要看熟机床操作说明书并理解其中的内容方可操作机床。在未熟悉机床操作方法前，切勿随意开动机床，以免发生安全事故。

2）装夹与校正工具电极时，必须保证工具电极进给加工方向垂直于工作台平面。

3）加工前注意检查放电间隙，即必须使接在不同电极上的工具和工件之间保持一定的距离，以形成放电间隙，一般为 0.01~0.1mm。

4）要有足够的脉冲放电能量，保证加在液体介质中的工件和工具电极上的脉冲电源输出的电压脉冲波形是单向的，以保证放电部位的金属熔化或汽化，放电必须在具有一定绝缘性

图6-4　电火花成形机床

能的液体介质中进行。

5）做到文明生产。加工操作结束后，必须打扫干净工作场地、擦拭干净机床，并且切断系统电源后才能离开。

2. 机床保养

1）根据加工要求选择冲液、抽液方式，并合理设置工作液压力，严格控制工作液液面高度。

2）注意检查工作液系统过滤器的滤芯，出现堵塞要及时更换，以确保工作液能保持一定的清洁度；按照工作液的使用寿命定期更换工作液。

3）检查润滑油是否充足，管路有无堵塞。采用易燃类型的工作液时，使用中要注意防火。

4）定期擦拭机床的外表，如操作面板和系统显示器。定期检查电气柜以及电气柜进、出线处是否有粉尘，并及时清洁。

5）定期检查电气柜内强电盘、伺服单元、主轴单元是否有浮尘。如有浮尘，则在断电的情况下用毛刷或吸尘器清除。

6）定期检查主轴风扇是否旋转，是否有杂物。如有杂物，则将其清除，以免影响主轴运转。

7）定期检查强电盘上的继电器动作是否正常，放电电容和放电电阻是否正常，必要时予以更换。

二、电火花线切割加工机床

电火花线切割加工是电火花加工的一个分支，是一种直接利用电能和热能进行加工的工艺方法。它用一根移动着的导线（电极丝）作为工具电极对工件进行切割，故称线切割加工，如图 6-5 所示。如图 6-6 所示为线切割机床在安装电极丝。

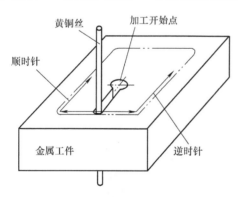

图 6-5　线切割加工示意图

图 6-6　线切割机床在安装电极丝

线切割加工中，工件和电极丝的相对运动是由数字控制实现的，故又称为数控电火花线切割加工，简称线切割加工，英文简称 WEDM。电火花线切割加工方式不受工件本身的硬度影响，可实现高精度加工，广泛使用于模具和零件的加工。电火花线切割机床按走丝速度不同可分为慢速走丝电火花线切割机床和高速走丝电火花线切割机床。图 6-7 所示为三菱

FA-10PS 型数控电火花线切割机床。

高速走丝电火花线切割机床也称快走丝线切割机床（图6-8），电极丝（一般采用钼丝）做高速往复运动，走丝速度为 8～10m/s，电极丝可重复使用，加工速度较高，走丝时容易造成电极丝抖动和反向时停顿，使加工质量下降。它是我国生产和使用的主要机种，是我国独创的电火花线切割加工模式。

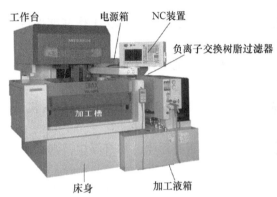

图 6-7   电火花线切割机床

图 6-8   快走丝线切割机床

慢速走丝电火花线切割机床（图6-9）以铜线作为工具电极，一般以低于 0.2m/s 的速度做单向运动，在铜线与铜、钢或超硬合金等制成的工件物之间施加 60～300V 的脉冲电压，并保持 5～50μm 的间隙，间隙中充满脱离子水（接近蒸馏水）等绝缘介质，使电极与工件之间产生火花放电，在工件表面上电蚀出无数的小坑，并通过 NC 控制的监测和管控伺服机构，使放电均匀一致，从而使工件达到要求的尺寸及形状精度。目前，此加工方法的加工精度可达 0.001mm，表面质量也接近磨削水平。电极丝放电后不再使用，而且采用无电阻防电解电源，一般均带有自动穿丝和恒张力装置。慢速走丝电火花线切割机床工作平稳、

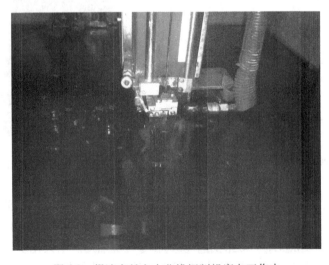

图 6-9   慢速走丝电火花线切割机床在工作中

切割均匀、抖动小，加工精度高，表面质量好，但不宜加工厚度大的工件。该机床结构精密，技术含量高，价格也高，因此使用成本较高。

还有一种中走丝电火花线切割机床（图6-10）属往复高速走丝电火花线切割机床范畴，是在高速往复走丝电火花线切割机床上实现多次切割功能，俗称为中走丝线切割。

图6-10　中走丝电火花线切割机床

所谓"中走丝"并非指走丝速度介于高速与低速之间，而是复合走丝电火花线切割机床，即走丝原理为在粗加工时采用高速（8～12m/s）走丝，精加工时采用低速（1～3m/s）走丝，这样工作相对平稳、抖动小，并可通过多次切割减少材料变形及钼丝损耗带来的误差，使加工质量相对提高，加工质量可介于高速走丝电火花线切割机床与低速走丝电火花线切割机床之间。

三、数控电火花机床的维护保养要求

使用数控电火花机床比使用普通机床的难度要大，因为数控电火花机床是典型的机电一体化产品，牵涉的知识面较宽，即操作者应具有机、电、液、气等专业知识；再有，其电气控制系统中的 CNC 系统升级、更新换代比较快，对操作人员提出的素质要求是很高的。为此，必须对数控操作人员进行培训，使其对机床原理、性能、润滑部位及其加工方式进行较系统的学习，为更好地使用机床奠定基础，同时在数控机床的使用与管理方面，制订一系列切合实际、行之有效的措施，主要包括以下内容。

1. 要为数控电火花机床创造良好的使用环境

由于数控电火花机床中含有大量的电子元件，它们最怕阳光直接照射，也怕潮湿、粉尘和振动等，因为这些原因可能会使电子元件因腐蚀而变坏或造成元件间的短路，引起机床运行不正常。为此，应保持数控电火花机床的使用环境清洁、干燥、恒温和无振动；并保持电源电压稳定，一般只允许电源电压有 ±10% 的波动。

2. 严格遵循正确的操作规程

无论是什么类型的数控电火花机床，都有一套自己的操作规程，这既是保证操作人员人身安全的重要措施之一，也是保证设备安全和产品质量合格等的重要措施。因此，使用者必须按照操作规程正确进行操作。机床在第一次使用或长期没用时，应先空转几分钟，并要特别注意使用中的开机、关机顺序和注意事项。

3. 尽可能提高数控电火花机床的开动率

在使用中，要尽可能提高数控电火花机床的开动率。新购置的数控电火花机床应尽快投入使用，设备在使用初期故障率相对来说往往大一些，用户应在保修期内充分利用机床，使其薄弱环节尽早暴露出来，并在保修期内得以解决。在生产任务不多时，机床也不能空闲不用，要定期通电，每次使其空运行 1h 左右，利用机床运行时的热量来降低机床内的湿度。

4. 冷静对待机床故障，不可盲目处理

在使用中电火花机床不可避免地会出现一些故障，此时操作者要冷静对待，不可盲目处理，以免产生更为严重的后果，要注意保护现场，待维修人员来后如实说明故障前后的情况，并参与共同分析问题，尽早排除故障。若故障属于操作原因，操作人员要及时吸取经验，避免犯同样的错误。

5. 制订并且严格执行数控电火花机床管理的规章制度

除了对数控电火花机床的日常维护外，还必须制订并且严格执行数控电火花机床管理的规章制度，主要包括定人、定岗和定责任的"三定"制度，定期检查制度，规范的交接班制度等。这也是管理、维护与保养数控电火花机床的主要内容。

四、重点维护保养部位

1. 空气回路（图 6-11）

1）定期排除压缩机中的水。
2）定期排除空气干燥机中的水，检查空气压力。
3）检查分水滤气器。

2. 自动润滑装置（图 6-12）

1）定期检查油箱油标。
2）注意倾倒废油。
3）定期给 UV 轴涂油润滑。

图 6-11　维护空气回路

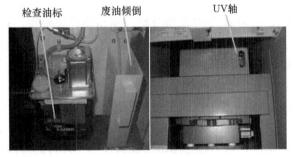

图 6-12　维护自动润滑装置

3. 空气过滤器（图 6-13）

定期清洗空气过滤器、冷却装置和电源箱等。

4. 电极丝恒张力系统（图 6-14）

清洗滤丝轮、检丝滑轮和张力轮。

冷却装置

图6-13　维护空气过滤器

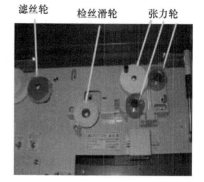

滤丝轮　检丝滑轮　张力轮

图6-14　电极丝恒张力系统

检查与评价

课堂学习完成后，根据实践计划以及实践实施情况，填写本次学习任务评价表，见表6-1。

表6-1　学习任务评价表

任务名称			
知识再现	电火花加工机床	分　　类	特　　点
实践活动		安放要求	使用注意事项	保养要求

实践活动	安放要求	使用注意事项	保养要求
机床型号			

在学习中遇到什么问题，如何解决的

个人自评

小组互评

教师点评

相关知识

电火花加工机床的安装与摆放

安装电火花机床的环境要比较清洁，不能有粉尘及腐蚀性气体，周围不应有产生剧烈振动的其他机床；机床安装地面的允许负重，应与机床本体、电源及工作液系统的总质量相适应。对于精密型电火花机床，为防止机床精度降低，应尽量保持温度恒定。为此，机床应避免阳光照射或其他辐射热的影响，能有空调设备则更理想。机床的附近应有抽烟管道及通风装置，机床周边不能进水，以免电气系统的绝缘遭到破坏而造成事故，且应有防火设施。

总结提高

1）数控电火花加工机床主要分为电火花成形机床和电火花线切割机床，在使用中要注意全面了解机床原理、性能、润滑部位及其加工方式，以便更好地对电火花加工机床进行维护。

2）电火花加工机床的维护要点是注意按照使用保养手册正确操作，做好定期检查以及关键部位的清洁工作。

课题二　维护数控激光切割机

课堂任务

1. 认识数控激光切割机的结构，了解其使用方法。
2. 能初步维护数控激光切割机。

实践提示

1. 参观车间内的数控激光切割机，了解其结构及各部分的作用。
2. 通过观察，对比了解数控激光切割机的维护保养方法和注意事项，根据实习车间条件，选择可操作的维护项目进行操作练习。

实践准备

数控激光切割机和传统机床相比有哪些优点？数控激光切割机的结构分为几部分？数控激光切割机的维护保养主要有哪些内容？请认真思考上述问题，查阅有关资料，完成本次实践计划表。

知识学习

一、激光加工的应用

激光是一种光，与自然界的其他发光体一样，它是由原子（分子或离子等）跃迁产生的，而且是自发辐射引起的。激光虽然是光，但它与普通光的明显区别是激光仅在最初极短的时间内依赖于自发辐射，此后的过程完全由受激辐射决定，因此激光具有非常纯正的颜色，几乎无发散的方向性和极高的发光强度。

激光切割就是利用激光束照射到工件表面时释放的能量来使工件融化并蒸发，以达到切割和雕刻的目的。应用激光切割的基础在于它的特性，即激光的高相干性、高强度性和高方向性。激光在一个狭小的方向内有集中的高能量，聚焦后的激光束可以对各种材料进行切割。功率很高的激光束，可使工件温度急剧升高，使其因高温而迅速熔化并汽化，配合激光头的运行轨迹达到切割加工的目的。配合开发的专业软件，激光加工具有精度高、切割快

速、不局限于被切割图案限制、自动排版节省材料、切口平滑、效果好及加工成本低等特点，将逐渐改进或取代传统的切割工艺设备。在钣金行业中，激光加工得到了广泛应用。

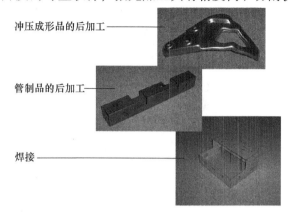

冲压成形品的后加工

管制品的后加工

焊接

图 6-15　激光加工的应用

激光切割分为激光汽化切割、激光熔化切割、激光氧气切割和激光划片与控制断裂四类，其可切割的材料有金属材料和非金属材料（如纸、布、木材、塑料和橡皮等）。

目前金属激光加工主要有三个应用方向：一是各种冲压件、管件、焊接件的后加工，如图 6-15 所示；二是用于各种金属板材、管件的切割，如图 6-16 所示；三是用于复杂表面的焊接，如图 6-17 所示。

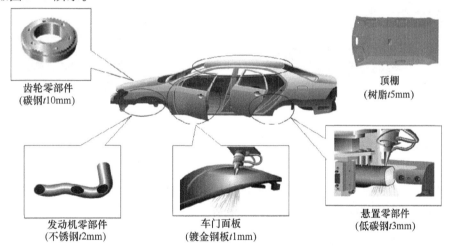

齿轮零部件
（碳钢t10mm）

顶棚
（树脂t5mm）

发动机零部件
（不锈钢t2mm）

车门面板
（镀金钢板t1mm）

悬置零部件
（低碳钢t3mm）

图 6-16　激光切割机用于汽车行业

二、认识数控激光切割机

数控激光切割机配置了激光头作为切割介质，并控制切割方向，主要用于金属切割。数控激光切割机的工作原理：编制程序，并将其输入数控激光切割机的控制系统；控制系统发送前进、后退、左、右的指令到机床的驱动系统，并由驱动系统控制电动机的正反转以及转速，带动机床动作，由此实现对割枪的控制。

如图 6-18 所示为三菱激光加工机的外形，图 6-19 所示为上海团结普瑞玛公司生产的

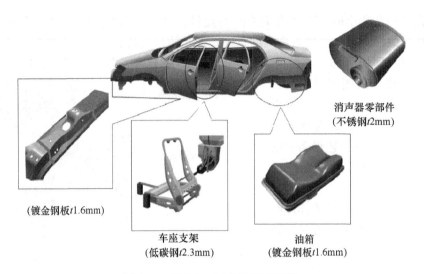

消声器零部件
(不锈钢t2mm)

(镀金钢板t1.6mm)

车座支架
(低碳钢t2.3mm)

油箱
(镀金钢板t1.6mm)

图6-17　激光加工应用于焊接部件

SLCF-X15×30 数控激光切割机主机，其主要组成部分为激光器、主机、冷水机组、供气系统和稳压电源等。主机是整个切割机的主体，主要由床身、横梁、（交换）工作台、切割头（Z 轴）、气路及水路、控制系统六部分组成。

图6-18　三菱激光加工机

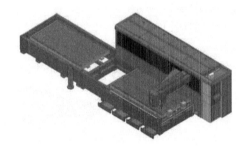

图6-19　激光切割机主机

激光切割机价格昂贵，结构复杂，所以使用中应特别注意，平常也要注意保养和维护才能提高其使用寿命，节约成本，创造更大的效益。

三、数控激光切割机的维护要点

采用合适的润滑剂及时对机床进行润滑，可保持机床的精度和质量，避免运行故障。

1. 维护注意事项

1）机床投入运行之前，必须根据说明进行润滑。机床较长时间不用（如长途或远洋运输超过两个月），必须检查整个机床的润滑情况。必要时，必须彻底清除所有润滑点和管路中含树脂的润滑油。

2）加油口和排放口的打开时间不要超过规定，并经常保持其清洁。

3）应使用没有纤维屑的擦布和稀薄液体状态的主轴润滑油擦洗油槽和润滑点，不能使用废羊毛、煤油和汽油擦洗。不允许混合使用合成润滑油与矿物油或其他厂家生产的合成油。激光器和空气压缩机的特定用油，应严格按照其使用说明书规定的品牌和保养周期进行加注。废油只能在暖机状态下排放。

4）必须在规定的时间间隔内全面清洗整台设备。明显的污垢可以擦洗，或用工业吸尘器吸除。

5）进行养护工作时必须彻底断电，并且把钥匙拔下。

2. 维护保养实例

1）激光切割机工作台前后拖动减速机（图6-20）的保养。

口正常使用情况下，该减速机属于免维护设备，不需加油。如发现润滑油减少，请按以下步骤加油。

①将润滑油（Mobil320）彻底排放干净（请按国家法规处置废油）。

②关闭排油螺塞。

③注入新润滑油并关闭注油螺塞。

2）激光切割机工作台传动链条（图6-21）的保养。

图6-20 工作台前后拖动减速机

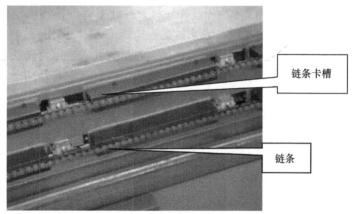

图6-21 工作台传动链条

①用毛刷清洁链条，用L-AN68全损耗系统用油润滑链条。

②张紧链条。链条长期运行后会松弛，影响工作台精度，建议每15天检查一次链条松紧度，并适度张紧。

四、养护部件及周期说明

1. 每日维护

1）清扫激光器和激光切割机，保持外观整洁。

2）机床 X、Y、Z、U 轴回原点。如有问题，检查原点开关撞块位置是否偏移。

3）清扫排屑链。

4）清理料箱。

5）清理抽风口过滤网上的杂物，保证通风管畅通。

6）检查喷嘴，如有问题及时更换。喷嘴每工作 30min 清洁一次，主要清除喷沾的金属屑。

7）执行标定程序，对传感器进行标定。每次更换喷嘴或陶瓷体后，都应重新对传感器进行标定，步骤如下：

①升降切割头，使喷嘴距金属板面 10mm。

②将电容传感器位置调至 10。

③按操作面板上的伺服复位键。

④将电容传感器位置调节至原位。

⑤将切割头移至原位。

8）检查并清洁聚焦镜片。

9）检查冷却水温度和压力。激光器入水口温度应大于 19℃、小于 22℃。温度稳定在 21℃左右。进水口压力为 0.4～0.5MPa（因激光器不同而异）。

10）用气枪清除冷水机组和冷冻干燥机换热片上的灰尘。

11）检查空气压缩机和储气罐。

①检查空气压缩机各连接部位有无松动。

②当储气罐内的空气压力为 0.05～0.1MPa 时，打开下部的排污阀，放掉罐内污物。压力表指针应摆动平稳，当压力为零时，其指针也应指到"0"。

③校准压力开关。排气压力达到额定工作压力时压力开关应能自动切断磁力起动器的控制回路，使空气压缩机停止工作。当排气压力接近 1.1 倍额定工作压力时，轻轻拉起安全阀顶杆，安全阀应产生排放动作。

④每个班至少巡视两次，检查空气压缩机运行中是否有异常声音或振动。

12）检查冷冻干燥机。

①按下起动按钮，检查指示灯是否亮。

②检查自动排水器是否定期排水。

③在停止及没有压缩空气的状态下，蒸发温度表的指针低于环境温度 5～15℃为正常。

④在运转及压缩空气流动的状态下，检查蒸发温度表的指针是否在绿色区域内。

13）经常巡视稳压器的工作状态。

①观察补偿变压器、调压变压器的温升是否正常，有无过热、线圈变色等现象。

②检查电刷接触是否良好。

③监测输入、输出电压。

④时刻注意是否有过载现象等。

一旦发现异常，立即妥善处理，并及时与制造厂联系。

14）检查激光器机械光闸是否正常。

2. 每半周维护

1）更换激光器气体。

2）排放激光切割机气阀箱内空气过滤器中的积水。

3. 每周维护

1）润滑激光切割机的导轨丝杠。

2）检查激光器水路是否畅通。

3）检查激光器保护气，提高氮气的含量。

4）检查激光器真空泵的液面高度。

5）检查激光器内循环水的液面。

6）检查激光器内腔压。

7）检查激光器"报告"菜单内，运行时间为多少。

8）检查激光器内部和切割机外的光路、水路是否有渗漏和污染。

9）清理空气压缩机消声滤清器。

4. 每月维护

1）清洁反射镜片，检查光路是否偏移，进行必要的调整。

2）检查行程开关支架及撞块支架是否松动。如有松动，进行必要的调整。

3）检查床身前、后罩板，清除异物，以免与工作台刮碰。

4）检查床身导轨，清除护板内的杂物，以免损坏导轨座。

5）检查压缩机传动带，如有拉长或磨损，可移动电动机，调整传动带松紧或更换传动带。

6）清洗冷冻干燥机自动排水器。

①关闭球阀，打开泄气阀，使自动排水器内的压力降为零，轻轻握住排水杯外壳向左（或向右）回转45°，把排水杯外壳垂直拉下来，将其分离开来。使用能溶于水的中性洗涤剂，摇动排水杯，仔细清洗。清洗后照原样安装，并关闭泄气阀、打开球阀。

②用吸尘机、刷子或气枪清扫通风口（吸气口）的灰尘和垃圾。

③用中性清洗剂清洗过滤网。

④切勿使用腐蚀性的洗涤剂。

5. 每季度维护

1）清除稳压器各部分的灰尘和污垢。

2）检查稳压器电器触点是否有损坏现象，如有则应及时更换或修复。

3）检查稳压器柱式调压变压器动作是否灵活，电刷是否完好，及时更换已损坏或磨损量大的电刷，线圈接触面上如有灼伤或电刷粉末，应用0#细砂纸及时打磨平光，并清除粉尘。

4）检查稳压器链条传动系统的工作是否正常，给链轮加油，调整链条的松紧程度，链条中部松紧适度，检查电刷架是否有倾斜、卡死现象，发现问题应进行调整。

6. 每半年维护

1）激光器使用2000h或6个月后，报请制造商进行保养检修。

2）更换冷水机组冷却水。

7. 每年维护

1）激光器使用6000h或12个月后，必须进行一次整机检修。

2）检查空气压缩机活塞环和导向环的磨损情况。

活塞环的磨损极限为5.5mm；导向环的磨损极限为1.8mm。

3）检查空气压缩机连杆大、小头轴承及曲轴箱轴承是否正常，空气压缩机运行2500～3000h时，应给滚针轴承添加耐高温润滑脂。

4）检查冷冻干燥机，检查电路接点是否完好无松动。

5）检查冷冻干燥机后部的冷却器冷凝器，并用中性洗涤剂将其清洗干净。

6）检修冷水机组和稳压电源。

检查与评价

课堂学习完成后，根据实践计划以及实践实施情况，填写本次学习任务评价表，表6-2。

表6-2　学习任务评价表

任务名称				
知识再现	数控激光切割机床	分　　类		特　　点
实践活动		安放要求	使用注意事项	保养要求
特种机床型号				

在学习中遇到什么问题，如何解决的

个人自评

小组互评

教师点评

相关知识

利用实习机会，观察生产车间内其他常见数控特种设备，尝试对照使用手册编制维护设备的保养指导书。表6-3为数控折弯机的维护保养指导书。

表6-3　数控折弯机的维护保养指导书

设备型号		PPEB135/25-5	设备类别	数控特种设备		
点检和保养项目	类别	点检和保养内容	点检和保养方法	点检或保养时间	保养周期	安全操作要求
丝杠润滑	保养	对两侧丝杠分别加注00号锂基润滑脂	用黄油枪加注3~5次，运行后，查看丝杠滑动面应充满油膜	周末休班	1次/周	

（续）

设备型号		PPEB135/25-5	设备类别	数控特种设备		
点检和保养项目	类别	点检和保养内容	点检和保养方法	点检或保养时间	保养周期	安全操作要求
过滤	保养	每年根据液压油的浑浊程度清洗一次油箱，并沉淀过滤液压油	清洗液压油箱后，沉淀24h后重新加入液压油	年底休班	1次/年	
换油	保养	使用两年后，由放油口排出液压油，清洗油箱及滤油器滤网	更换46#抗磨液压油，加注至油标上刻度线	年底休班	1次/2年	
吊紧螺栓	点检	对两侧的吊紧螺栓分别进行定期检查和紧固	用内六角扳手检查并紧固	月底休班	1次/月	
更换滤网	保养	每年清洗油箱时，用洁净煤油清洗一次滤油器滤网	手工清洗	月底休班	1次/4月	
紧固光栅尺	点检	用手试两侧光栅尺上、下方向应无间隙	若光栅尺上、下方向存在间隙，应用叉扳手紧固	班前	1次/班	
电器元件检测	点检	清除电控箱内、外的灰尘和杂物；检查各元器件运行是否正常；检查并紧固各电器元件的接线端子	仪表检测	月底休班	1次/月	防止触电

总结提高

良好的维护是保证激光切割机无故障的最好方法，使用激光切割机时要注意以下几点。

1）应用小于4Ω的专用地线良好接地。

2）冷却水要畅通。

3）随时保持清洁和良好排风，随时擦拭。

4）环境温度与湿度保持在正常范围。

5）正确使用"激光高压"键。

6）远离大功率和强振动设备。

7）防雷电袭击。

创新实践

经过一段时间学习，同学们对维护保养的理解应该更加深刻，设备维保的最终目的就是为了保障安全生产，每个人都要牢固树立安全意识，做到能够发现安全隐患并排除隐患。请在实践中验证自己的学习，扫码进入，完成校园内部隐患排查。

校园内部

扫码填写隐患信息

单元七
处理常见故障

当数控机床的技术状态劣化或发生故障后，为了恢复其功能和精度，应对设备的局部或整机进行检查维修。数控机床属于技术密集型和知识密集型设备，其维修涉及机械和电气方面的很多知识，要求维修者具备一定的实践技能，有一定的学习难度。本单元通过讲解实例，为深入学习数控机床故障维修打好基础。

通过本单元的学习，能认识到数控机床维修的复杂性以及对数控机床进行维护的重要性，建立保养维护胜于维修的设备管理理念，掌握常见数控机床故障的处理方法。

课题一　数控机床故障概述

课堂任务

1. 了解什么是故障及其产生的原因和分类。
2. 基本掌握数控机床故障的诊断和维修方法。

实践提示

1. 参观车间内与数控机床故障有关的看板、标识。
2. 观察车间故障机床的状况，了解机床的维修方式和类别。

实践准备

什么是故障？数控机床故障是如何产生的？故障是如何分类的？怎样避免数控机床产生故障？发现故障要如何处理？请认真思考上述问题，查阅有关资料，完成本次实践计划表。

知识学习

数控机床故障一般是指数控机床全部或部分丧失原有功能的现象，故障诊断是指在数控机床运行中，根据设备的故障现象，在掌握数控系统各部分工作原理的前提下，对现行的状态进行分析，并辅以必要的检测手段，查明故障的部位和原因，提出有效的维修对策。

图 7-1 所示为技术人员在对数控龙门式镗铣床失准的主轴进行检修。

图 7-1 检修机床故障

一、故障的分类

1. 按数控机床发生故障的部件分类

（1）主机故障 这类故障主要发生在机床的主机部分。主机故障还可以细分为机械部件故障、液压系统故障、起动系统故障和润滑系统故障等。

（2）电气故障（分为弱电故障和强电故障） 电气故障指的是电气控制系统出现的故障，主要包括数控装置 PLC 控制器、伺服单元、CRT 显示器、电源模块、机床控制元件以及检测开关的故障等。这部分故障是数控机床常见的故障，应该引起足够的重视。

2. 按数控机床发生的故障的性质分类

（1）系统类故障 这类故障是指只要满足一定的条件，机床或数控系统就必然出现故障。例如，电网电压过高或过低，系统就会产生电压过高报警或过低报警；切削量过大时，就会产生过载报警等。

（2）随机故障 这类故障是指在同样条件下，只偶尔出现一次或者两次的故障，有可能在很长一段时间内很难遇到同样的问题。

3. 按报警发生后有无报警显示分类

（1）有报警显示故障 这类故障又可分为硬件报警显示故障和软件报警显示故障。

1）硬件报警显示故障。这类故障报警通常是指各单元装置上指示灯的报警指示。

2）软件报警显示故障。软件报警显示通常是指数控系统显示器上显示的报警号和报警信息。由于数控系统具有自诊断功能，一旦检查出故障，即按故障的级别进行处理，同时在显示器上显示报警号和报警信息。

（2）无报警显示的故障 这类故障发生时没有任何硬件及软件报警显示，因此诊断起来比较困难。对于此类故障，应该具体问题具体分析。

二、故障的处理对策

出现故障时，除非是影响设备或人身安全的紧急情况，否则不要立即切断机床的电源，应保护故障现场。如果按复位键后，故障不能消失，应从以下方面进行调查。

1）检查机床的运行状态。

2）检查加工程序及操作情况。

3）检查故障的出现率和重复性。

4）检查系统的输入电压。

5）检查环境状态。

6）外部因素。

7）检查运行情况。

8）检查机床状况。

9）检查接口情况。

三、数控机床的故障诊断方法

1. 诊断步骤和要求

（1）故障诊断　包括故障检测（确定是否有故障）、故障判断（确定故障性质）和故障定位（确定故障部位）。

（2）故障诊断要求

1）故障检测方法简便有效。

2）使用的诊断仪器少而实用。

3）故障诊断所需的时间尽可能短。

（3）故障诊断原则

1）先外部后内部。

2）先机械后电气。

3）先静后动。

4）先公用后专用。

5）先简单后复杂。

6）先一般后特殊。

2. 常用的故障诊断方法

1）直观法（望、闻、问、切）。

2）CNC 系统的自诊断功能。

3）数据和状态检查：接口检查、参数检查。

4）报警指示灯显示故障。

5）备板置换法（替代法）。

6）交换法。

7）敲击法。

8）测量比较法。

总之，各种故障诊断方法各有特点，要根据故障现象的特点灵活地组合应用。

四、典型机械故障的诊断

1. 主传动链故障的诊断

（1）主轴发热　原因可能为轴承损伤或不洁；主轴前端盖与箱体压盖研伤；润滑脂耗尽或涂抹过多。

（2）主轴噪声　原因可能为缺少润滑，大、小传动带平衡不佳；齿轮啮合间隙不均或齿轮损坏；传动轴损坏或弯曲。

（3）润滑油泄漏　原因可能为润滑油量过多；密封件破损；管件损坏。

（4）刀具不能夹紧　原因可能为风泵气压不足、增压装置漏气、刀具夹紧液压缸漏油、刀具夹紧弹簧上螺母松动。

2. 滚珠丝杠副故障的诊断

（1）滚珠丝杠副噪声　原因可能为轴承的压盖压合情况不好；轴承破损；联轴器松动；丝杠润滑不良；滚珠有破损。

（2）滚珠丝杠运动不灵活　原因可能为轴向载荷过大；丝杠与导轨不平行；轴线与导轨不平行；丝杠弯曲变形。

（3）滚珠丝杠副润滑状况不良　检查各滚珠丝杠副的润滑。

3. 导轨故障的诊断

（1）导轨研伤　原因可能为机床长期使用，地基与床身水平有变化，使导轨局部单位面积负荷过大；长期加工较短工件或承受过分集中的负荷，使导轨局部磨损严重；润滑不良、导轨材质不佳；质量不符合要求；机床维护不良，导轨里落入脏物。如图 7-2 所示为导轨磨损锈蚀后的情况。

（2）导轨上移动部件运动不良或不能移动　原因可能为导轨面研伤；导轨压板研伤；导轨镶条与导轨间隙太小，调得太紧。如图 7-3 所示为修复工作台面裂纹。

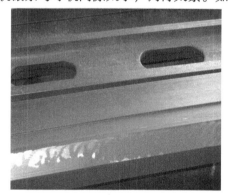

图7-2　导轨磨损锈蚀后的情况

图7-3　修复工作台面裂纹

（3）加工面在接刀处不平　原因可能为直线度超差；工作台塞铁松动或塞铁弯度太大；机床水平度差，使导轨发生弯曲。

4. 刀库与换刀机械手故障的诊断

（1）刀库中的刀套不能夹紧刀具　检查刀套上的调整螺母。

（2）刀具从机械手中脱落　原因可能为刀具质量不合要求；机械手夹紧销损坏或没有

弹出来。

（3）刀库不能旋转　原因可能为连接电动机轴与蜗杆轴的联轴器松动。

（4）交换刀具时掉刀　原因可能为换刀时主轴箱没回到换刀点或换刀点漂移。

（5）机械手换刀速度过快或过慢　以气动机械手为例，原因可能为气压太高或太低；换刀气阀节流开口太大或太小。

检查与评价

填写本次学习任务评价表，见表 7-1。

表 7-1　学习任务评价表

故障名称	故障分类	故障现象	故障诊断	故障处理

学习过程中遇到什么问题，如何解决的

个人自评

小组互评

教师点评

相关知识

数控铣床导轨修复

目前，市场上数控机床的传动部分使用滚柱直线导轨或滚珠直线导轨越来越广泛，但在过去很长一段时间内，我国大部分数控机床都是使用滑动导轨。最近几年，滑动导轨需要精度修复并重新贴塑越来越多，其主要步骤如下：

1）刨削、精铣导轨表面，清洗导轨表面。

2）在贴塑面上用刀具开槽。

3）再次清洗导轨表面并清洗贴塑带，自然晾干。

4）在贴塑面和塑带上打胶粘合，重压贴好塑的导轨面，使其牢固。

5）对导轨贴塑面刮研精修。

图 7-4 中的 4 张图片集中展示这一修复过程。图 7-4a 是修复中的数控铣床整体结构，精修研磨鞍座滑动导轨与工作台滑动面的接触点。图 7-4b 是 1160 主轴箱 Z 轴导轨滑动面导轨贴塑精修（导轨滑动精度修复的重要步骤）。图 7-4c 是滑动导轨贴塑面放大后的细节，上面能清晰看到导轨润滑孔和油槽，导轨使用寿命与导轨贴塑面的精度以及单位面积接触点的数量相关。图 7-4d 是完整的工作台滑动导轨面大修修复效果，包括导轨贴塑、精度修复、润滑油管重建等。

a) 数控铣床

b) 主轴箱Z轴导轨贴塑面展示

c) 贴塑面细节

d) 完整导轨贴塑面和油路展示

图 7-4　数控铣床导轨修复

总结提高

1）了解数控机床常见故障的分类，对数控机床常见故障现象有一定的认识，提高数控机床的应用和维护水平。

2）机床故障的排除方法要因地制宜，学习后要举一反三，便于在实践中处理数控机床常见故障。

课题二　常见故障的识别与处理

课堂任务

1. 认识并了解数控机床常见故障及处理方法。
2. 能够正确表述故障产生的原因并判别故障部位和类型。

实践提示

利用数控机床维修实验设备设置常见故障并进行排除操作。

🔧 实践准备

数控系统常见故障有哪些？这些故障是否都属于真实故障？数控机床常发生故障的部位是哪里？数控机床故障的维修主要有哪些方式？请认真思考上述问题，查阅有关资料，完成本次实践计划表。

🔧 知识学习

数控系统种类繁多，其故障千变万化，维修方法也不尽相同，对维修人员的素质要求极高。如果数控机床出现故障不能及时排除，就会造成停工或停产，不能充分发挥数控机床的高效益。下面介绍几类常见故障现象及故障诊断和排除的方法。

一、编码器故障［实例］

1. 机床配置

CJK6136 数控车床，采用 802S 数控系统。

2. 故障现象

在加工过程中，数控机床主轴有时能回参考点有时不能；数控操作面板液晶显示屏上，主轴转速显示时有时无，主轴运转正常。

3. 故障诊断

CJK6136 数控车床主轴采用变频调速，主轴参考点信号和转速信号由主轴编码器提供。出现上述故障现象可以排除编码器损坏的可能，其原因可能是：①编码器与 802S 数控系统的 NC 单元（ECU）之间的连线不可靠，有松动现象；②主轴与编码器之间的机械连接出现问题，主轴转动时编码器有时跟转有时不跟转。

4. 故障排除

检查数控机床主轴上的编码器与 802S 的 NC 单元（ECU）之间的连线，发现连线完好，不存在问题。卸下编码器，检查发现主轴与编码器轴之间的联接键脱离了键槽，这使得编码器轴有时可以被主轴带动而转动，有时则不能。在修复并装上编码器后，开机发现主轴可以回参考点，并且显示屏上显示主轴转速正常。

二、环境影响导致故障［实例］

1. 机床配置

CJK6136 数控车床，采用 802S 数控系统。

2. 故障现象

数控机床在某天开机后，机床的显示屏显示数控系统操作面板与机床操作面板之间的连接存在问题。

3. 故障诊断

询问车间使用人员，前一周的周五工作结束时机床工作正常，经过周六、周日两天，周一开机后出现此现象。该机床的数控系统操作面板与机床操作面板之间由两根扁平电缆连接，更换电缆后，情况仍如此。进一步分析，在此几天内，一直是阴雨天气，车间内又没有安装空调，并且机床电源也关掉了，故障可能是由于空气湿度太大引起的。

4. 故障排除

开启数控机床电源，再利用吹风机对电柜进行除湿，问题就解决了。因此，数控机床的环境对其正常工作的影响也很大。

三、刀架故障［实例］

1. 机床配置

CJK6136 数控车床，采用 802S 数控系统。

2. 故障现象

数控机床在加工过程中不能换刀。

3. 故障诊断

数控机床产生这种故障的原因可能如下：

1）802S 数控系统的 X2005 口 Q0.4 和 Q0.5 输出端是用来控制刀架电动机正反转的，其信号有问题。

2）刀架的发信盘没有发出相应的刀位信号并传送到 802S 数控系统 X2003 口的相应端。

3）刀架的机械传动部分存在问题。

检查数控机床，发现进行换刀时，刀架电动机运转，发信盘发信也正常，刀架电动机不动。初步判断是刀架的机械传动部分存在问题。

4. 故障排除

拆开数控机床的刀架进行检查，发现蜗轮上的联接键脱落，经修复后，换刀工作正常。

四、参数设置错误引起故障［实例］

1. 机床配置

XJK8125 数控铣床，采用 802S 数控系统。

2. 故障现象

数控铣床主轴制动时，变压器和整流桥烧毁。

3. 故障诊断

XJK8125 数控铣床主轴采用能耗制动，由变压器将交流 220V 电压变为交流 65V 电压，经整流桥整流提供能耗制动电源。机床在加工过程中，出现制动时变压器和整流桥烧毁故障的可能原因如下：

1）此部分存在短路。

2）绝缘损坏。

3）制动时间过长。由于机床主轴电动机运转正常，说明主轴电动机不存在问题，经检查也没有短路和绝缘问题，检查制动时间的设定，发现制动时间设定得太长。

4. 故障排除

修改数控机床的制动时间设定值，更换制动变压器和整流桥。重新开机后，数控机床的工作恢复正常。

五、安装螺母松动故障［实例］

1. 机床配置
XJK8140 数控铣床，采用 802S 数控系统。

2. 故障现象
数控机床采用第一种方式回参考点。该数控铣床在加工过程中，Y 轴不能回参考点。

3. 故障诊断
数控铣床出现这种故障的可能原因如下：

1）减速开关及精定位接近开关与 802S 数控系统的 X2004 口 I1.6 端子或 X20 口 4 号端子间的连接有问题。

2）减速开关及精定位接近开关已损坏。

3）回参数点的参数被改变。

4. 故障排除
由于数控铣床在故障前工作正常，且无人修改过系统参数，可以排除参数被修改的可能。检查减速开关及精定位接近开关，与 802S 数控系统的 X2004 口 I1.6 端子或 X20 口 4 号端子间的连接完好，减速开关及精定位接近开关也完好，最后发现精定位接近开关的安装螺母松动，精定位接近开关移位，超过其检测范围，检测不到精定位信号。调整精定位接近开关的位置并旋紧安装螺母，Y 轴回参考点工作正常。

六、系统断电故障［实例］

1. 机床配置
济南机床厂生产的 CJK6136 数控车床，采用华中世纪星数控系统。

2. 故障现象（图 7-5）
数控机床正常工作中，电源开关突然跳闸，重新开机后短时内再次跳闸。

3. 故障诊断
数控机床在加工某零件过程中，出现电源开关跳闸现象的可能原因如下：

1）有短路情况存在。

2）有绝缘损坏现象。

3）有过载现象。

4. 故障排除
关掉电源，检查线路，发现没有短路和绝缘损坏现象。仔细观察电气柜，发现散热风扇的位

图 7-5　数控系统断电故障

置固定螺栓松动，导致其脱离原位置，初步分析为风扇未正常工作，引起电控箱内发热，导致过载保护。重新固定散热风扇后，故障排除。

检查与评价

课堂学习完成后，根据实践计划以及实施情况，填写本次学习任务评价表，见表 7-2。

表 7-2　学习任务评价表

机床配置	故障名称	故障现象	故障排除	故障归类

学习过程中遇到什么问题，如何解决的

个人自评

小组互评

教师点评

 **相关知识**

老旧数控机床电控柜改造升级案例

数控机床经过一段时间的使用之后，有些电气线路老化，需要彻底检查后整理更换，电控柜内部和外立面也积累了很多油渍，需要做整体清洁，外表要重新喷漆复原。

步骤如下：

1）检查和清扫电控柜内部以及电动机，保证电气装置固定牢固、安全及整齐。

2）更换所有的电器元件、电线，根据工艺重新接线，并整理固定。

3）将老旧原件更换为适宜于数字化转型的电气元件，如部分老式电控柜的直流电源 24V 可能是使用变压器 + 晶闸管，改造时应将其替换成开关电源。

4）对电控柜外部进行彻底清洁和喷漆复原。

5）图 7-6 中的 4 张图片是某厂老旧数控机床电控柜改造前后对比图。图 7-6a 是电控柜内部修复前，图 7-6b 是电控柜外部修复前，图 7-6c 是电控柜内部修复后，图 7-6d 是电控柜外部修复后。

a) 电控柜内部改造前

b) 电控柜外观修复前

c) 电控柜外观修复后

d) 电控柜内部修复后

图 7-6　某厂老旧数控机床电控柜改造前后对比图

总结提高

1）数控机床常见故障大多数是由于环境恶化、磨损老化以及人为失误所造成的，在日常工作中要注重防护保养。

2）掌握常见故障的处理方法，在以后的工作和学习中不断提高维修数控机床的能力。

创新实践

请同学们到达实践地点，扫码进入，按照要求完成数控车床维修任务，车间实践之前需完成安全教育学习并测试通过。

安全教育测试

设备标识卡

XXX设备制造有限公司

设备名称：数控车床

设备编号：XXX

责任人：XXX

附　录
实践计划表

_____实践计划表

班级		小组		学时	
		成员			

1	本次实践所需知识	
2	本次实践所需技能	
3	实践需要配备工具	
4	实践完成地点	
5	实践完成步骤	
6	指导性意见			评价	

参 考 文 献

[1]　赵庆志，苑章义. 机电设备安装与调试技术［M］. 北京：机械工业出版社，2013.

[2]　浙江省教育厅职成教教研室. 数控机床维护常识［M］. 北京：高等教育出版社，2013.

[3]　邵泽强，蒋洪平. 数控机床故障诊断及维修实例［J］. 机电一体化，2003（4）：111-112.

[4]　窦湘屏. 实例解读行动导向教学法在数控专业课教学中的应用［J］. 职业教育，2014（8）：13-16.